2014年度中国水利信息化发展报告

水利部信息化工作领导小组办公室　编著

中国水利水电出版社
www.waterpub.com.cn

内　容　提　要

　　本书在 2014 年度全国水利信息化发展情况调查与统计的基础上，进行了分析与评价，提出了 2014 年随着《全国水利信息化发展"十二五"规划》和国家水资源监控能力建设等多项全国性重大水利信息化工程的实施，全国水利信息化得到进一步的快速发展，全面进入了基础设施持续完善、数据资源不断丰富、业务应用继续增强和保障环境更加规范的快速发展时期。

　　本书主要面对从事水利信息化工作的人员，也可供相关研究机构和高等院校作为科研和教学参考用书。

图书在版编目（ＣＩＰ）数据

2014年度中国水利信息化发展报告 / 水利部信息化
工作领导小组办公室编著. -- 北京：中国水利水电出版
社，2015.9
　ISBN 978-7-5170-3667-8

　Ⅰ. ①2… Ⅱ. ①水… Ⅲ. ①水利工程－信息化－研
究报告－中国－2014 Ⅳ. ①TV-39

中国版本图书馆CIP数据核字(2015)第220632号

书　　名	**2014 年度中国水利信息化发展报告**
作　　者	水利部信息化工作领导小组办公室　编著
出版发行	中国水利水电出版社
	（北京市海淀区玉渊潭南路 1 号 D 座　100038）
	网址：www. waterpub. com. cn
	E - mail：sales@waterpub. com. cn
	电话：(010) 68367658（发行部）
经　　售	北京科水图书销售中心（零售）
	电话：(010) 88383994、63202643、68545874
	全国各地新华书店和相关出版物销售网点
排　　版	中国水利水电出版社微机排版中心
印　　刷	北京瑞斯通印务发展有限公司
规　　格	210mm×285mm　16 开本　7 印张　212 千字
版　　次	2015 年 9 月第 1 版　2015 年 9 月第 1 次印刷
印　　数	0001—2000 册
定　　价	**36. 00 元**

凡购买我社图书，如有缺页、倒页、脱页的，本社发行部负责调换

编 委 会 成 员

前 言

2014 年是全面深化水利改革、加快推进治水兴水新跨越、切实提高水安全保障能力的关键之年。随着国家水资源监控能力建设等多项全国性重大水利信息化工程建设的全面推进，全国水利信息化进入了新的快速发展阶段。

2014 年度全国水利信息化发展状况的统计范围与 2013 年度相同，仍为水利部机关及其在京直属单位、流域机构及其直属单位、省级、计划单列市和新疆生产建设兵团水行政主管部门及其直属单位（不包括香港、澳门和台湾地区）。为了保持各年度间资料与体系上的一致，根据水利部《水利信息化顶层设计》，2014 年度的调查内容仍然以水利信息化综合体系的"三大部分"为基础，按水利信息化顶层设计的"五个管理分类"进行指标分类，调查内容主要包括"水利信息化保障环境""水利信息系统运行环境""信息采集与工程监控""资源共享服务"和"综合业务应用"等五个方面。

2014 年度调查表格形式和填报指标与 2013 年度相比变动不大，但内外网规模与互联和视频会议系统方面的调查内容比 2013 年度更加详细，增加了被连接单位基本情况和接入类型，以及乡镇视频会议系统接入情况等内容。

根据确定的调查统计范围，2014 年度应填报水利信息化发展调查表的单位共计 45 家，即：水利部机关及其在京直属单位、7 个流域机构、31 个省级水行政主管部门、5 个计划单列市水行政主管部门和新疆生产建设兵团水利局。

资料统计分析分为水利部机关及其在京直属单位、各流域机构及其直属单位、省级水行政主管部门及其直属单位三个层次（这三个层次以下合称"省级以上水利部门"，即不含地市级及其以下单位）。在数据的汇总分析过程中，统计地方指标时，计划单列市的数据不重复计入各所在省，新疆维吾尔自治区与新疆生产建设兵团按两个地方部门分别统计。

本书的编制完成，得到水利部领导和各司局的关心与大力支持，得到水利部在京直属单位、各流域机构和全国各省级及计划单列市水行政主管部门的大力支持与配合。各资料提供单位的信息化工作部门为此付出了艰辛的劳动。水利部水利信息中心和河海大学水信息学研究所承担本报告编制工作的专家和技术人员，为报告的出版付出了辛勤的劳动，在此一并表示感谢。

由于各方面的原因，书中一定存在不足之处，敬请读者批评指正。

水利部信息化工作领导小组办公室

2015 年 8 月

目　录

一、综　　述

2014 年是我国实施"十二五"规划的关键之年，随着《全国水利信息化发展"十二五"规划》和国家多项水利信息化重点工程的实施，全国水利信息化得到进一步的快速发展，全面进入了基础设施持续完善、数据资源不断丰富、业务应用继续增强和保障环境更加规范的快速发展时期。

2014 年，全国的水利信息化工作按照党的十八大关于"信息化水平大幅提升"和"四化同步"的战略部署以及国务院推进信息化的若干重大决策，参照 2013 年工信部颁发的《信息化发展规划》，积极落实"加快推进水资源管理信息化、智能化进程，构建布局合理、动态监测、信息共享和科学决策的水利智能应用体系，强化水资源信息资源共享"等国家对水利信息化发展的要求与任务，以服务水利为中心，大力促进信息化工作与水利工作的深度融合，继续坚持"五统一"（统一技术标准、统一运行环境、统一安全保障、统一数据中心、统一门户）原则，统筹兼顾，全力推进资源整合共享和信息深度开发利用，狠抓网络与信息安全工作，确保水利信息化"十二五"规划目标的顺利实现。

《2014 年度中国水利信息化发展报告》的基础数据调查和现状统计分析，继续保持水利信息化顶层设计中"水利信息化保障环境""水利信息系统运行环境""信息采集与工程监控""资源共享服务"和"综合业务应用"等五个管理分类。统计范围仍保持为水利部机关及其在京直属单位（以下简称"水利部或水利部机关"）、各流域机构机关及其直属单位（以下简称"流域机构"）、各省（自治区、直辖市）水行政主管部门及其直属单位（以下简称"省级水利部门"）等 40 家单位和 5 个计划单列市。其中，新疆维吾尔自治区水利厅与新疆生产建设兵团水利局单列为两个省级水行政主管部门。由于各计划单列市的数据已经统计入所属省级水行政主管部门，因此，各类统计表中，只统计水利部、流域机构和省级水利部门（合称"省级以上水利部门"），计划单列市的相关统计数据在附录中列出。

由于海南省水务厅和新疆生产建设兵团水利局已经连续 3 年（2012 年、2013 年、2014 年）没有提供年度发展状况调查表，考虑到这两个单位信息化建设规模相对较小，本次统计不再引用其 2011 年度数据。

2014 年度全国水利信息化发展状况分类统计的总体情况按水利信息化五个管理分类分述如下。

（一）水利信息化保障环境

截至 2014 年年末，在省级以上水利部门中，有 38 家单位仍保留信息化工作领导小组和办公室，信息化从业人员达到 3216 人。年度全国省级以上水利部门主持新建的信息化项目共计 243 项，信息化部门参与了其中 173 项的审批。年度新建项目计划投资总额达 294556.36 万元，其中，中央投资 213164.85 万元，地方投资 73564.71 万元，其他投资 7826.80 万元。年度省级以上水利部门主持通过验收的信息化项目共 156 项，信息化部门参与了其中 136 项的验收。全国省级以上水利部门中从事信息系统维护保障工作的人员达到 2013 人，落实的运行保障经费总额为 29443.97 万元，其中专项维护经费 26048.73 万元。全年省级以上水利部门共编制各种信息化项目前期工作文档 136 个，新颁布水利信息化技术标准 12 项，发布管理规章制度 39 项；共有 11 家单位开展了年度信息化发展程度评估工作，其中有 6 家单位制定了信息化发展程度评估指标体系及评估管理办法，有 7 家单位进行了本单位年度水利信息化发展程度的定量化评估，有 5 家单位进行了辖区内年度水利信息化发展程度的定量化评估。

（二）水利信息系统运行环境

截至 2014 年年末，省级以上水利部门（内外网合计）配置了各类服务器 4567 套，其中，内网服务器 1311 套，外网服务器 3256 套，年增长率达到 30.08％；配备各类联网计算机（PC）（内外网合计）共 84503 台，其中内网 17827 台，外网 66676 台。内外网合计人均拥有联网计算机（PC）约 1.03 台，比 2013 年度的 1.01 台略有增加。

内网建设方面，截至 2014 年年末，水利部机关与直属单位联通率为 38.46％，流域机构与其直属单位的平均联通率达到了 46.43％；全国省级水行政主管部门与其直属单位的平均联通率为 40.40％，与所辖地市的平均联通率达到 52.69％，与所辖县市的平均联通率达到 39.57％。外网建设方面，水利部机关与应联直属单位的联通率为 69.23％，与下属单位（流域机构和省级水行政主管部门）实现全联通；流域机构与其直属单位的平均联通率达到 82.14％，与其下属单位的平均联通率达到 83.10％；省级单位与直属单位平均联通率为 65.56％，与地市平均联通率为 87.35％，与县级单位平均联通率为 58.46％。

在视频会议系统连接与应用方面，水利部机关的视频会议系统连接了 11 个直属单位，其中有 8 个以高清形式接入；水利部机关与 32 个省级水利部门全部实现高清接入。流域机构统计的 67 个一级直属单位中有 41 个单位接入视频会议系统，其中 11 个以高清形式接入，48 个二级直属单位中，有 41 个单位连入视频会议系统，其中 13 个以高清形式接入。省级水行政主管部门统计的 559 家直属单位中，有 265 家接入视频会议系统，平均接入率为 47.41％，统计的 417 家市级单位中，有 392 家接入视频会议系统，平均接入率达到 94.00％，统计的 2185 家县级单位中，有 1879 家接入视频会议系统，平均接入率为 86.00％。2014 年度省级以上水利部门利用自建的系统共组织召开视频会议 1148 次，参加会议人数达到 252773 人次以上。

在存储方面，省级以上水利部门已配备的各类在线存储设备形成了 5545750.87GB 的总存储能力。

在系统运行安全保障设施方面，全国省级以上水利部门的安全保密防护设备数量（内外网合计）为 1100 套，采用 CA 身份认证的应用系统数量（内外网合计）为 104 个；在内网安全方面，全国省级以上水利部门有 22 家进行了分级保护改造，有 20 家通过了分级保护测评，有 21 家实现了统一的安全管理，有 32 家配有本地数据备份系统，有 10 家配有同城异地数据备份系统，有 6 家配有远程异地容灾数据备份系统，有 32 家开展了保密检查，有 16 家开展了应急演练。

在外网安全方面，全国省级以上水利部门有 25 家实现了统一的安全管理，有 35 家配有本地数据备份系统，有 9 家配有同城异地数据备份系统，有 11 家配有远程异地容灾数据备份系统，有 38 家开展了安全检查，有 28 家制定了应急预案，有 21 家组织过应急演练，有 23 家开展了信息化安全风险评估。全国省级以上水利部门共有 95 个三级以上的国家重要信息系统，已通过测评的 48 个，测评通过率达到 50.53％。

在水利通信方面，全国已配置水利卫星小站 426 个，其他卫星设施 1535 套，便携式卫星小站 47 套，应急通信车 28 辆，无线宽带接入终端 1921 个，集群通信终端 1222 个。

（三）信息采集与工程监控体系

截至 2014 年年末，全国省级以上水利部门能接收到数据的各类信息采集点达 140482 处，较 2013 年度的 110152 处增长 27.53％，其中自动采集点为 110622 处，较 2013 年度的 78780 处增长 40.41％。全国自动采集点占全部采集点的比例达到 78.74％，较 2013 年度的 71.20％有所提高；2014 年度工程监控信息化发展较快，年末全国共有信息化的工程监控系统 1945 个，较 2013 年度的

560 个增长显著，监控点（视频与非视频）共 31811 个，其中独立（或移动）点 825 个。

（四）资源共享服务体系

截至 2014 年年末，全国省级以上水利部门中有 19 家单位已建立数据中心，可正常提供服务的数据库达 990 个，比 2013 年增长 15.39%，数据库存储的各类结构化数据总量达 598551.40GB，平均库存达到 604.60GB/库，已存储并正常应用的非结构化数据（大文本文件、影像、图形图片等）总量达到 344188.47GB；数据中心或数据库系统已经部分实现了业务系统联机访问、目录服务、非授权联机查询和下载、授权联机查询和下载、主题（专题）服务、数据挖掘和综合分析服务、离线服务和移动应用服务等多种信息服务方式，其服务范围覆盖了防汛抗旱、水资源管理、水土保持监测与管理、农村水利综合管理、水利水电工程移民安置与管理、水利电子政务、水利工程建设与管理、水政监察管理、农村水电业务管理、水文业务管理等方面。在门户服务应用中，有 25 家单位已经建立统一的门户服务支撑系统，有 34 家已经建立统一的对外服务门户网站，有 24 家建立了统一的对内服务门户网站。

（五）综合业务应用体系

截至 2014 年年末，全国省级以上水利部门均建立了面向社会公众服务的网站，其服务内容包括信息发布、行政许可审批、信息交流等。年度全国省级以上水行政主管部门门户网站年新增专题 178 个，信息更新量达到 162721 条，网站专职运维人员 127 人。

截至 2014 年年末，全国省级以上水利部门的行政许可共计 681 项，其中 624 项在网站公开及介绍，395 项可网上办理，全国平均行政许可网上办理比例达到 58%。在日常办公方面，全国省级以上水行政主管部门中，有 27 家单位已经在本单位内部实现了公文流转无纸化，有 20 家单位已经实现了与上级领导机关之间的公文流转无纸化，有 287 家直属单位实现了与其上级单位的公文流转无纸化；正常运行的各类应用系统涵盖了水利行政和业务的主要方面，主要包括防汛抗旱指挥、水资源管理、水土保持监测与管理、水利电子政务等系统，其中防汛抗旱指挥系统应用基本覆盖了所有单位。

二、水利信息化保障环境

（一）前期工作、标准与管理制度

2014 年度全国省级以上水利部门共编制各种信息化项目前期工作文档 136 个，新颁布水利信息化技术标准 12 个，发布管理规章制度 39 个，详见表 2-1。前期工作文档、标准与管理制度总数达 187 个，与 2013 年、2012 年、2011 年的对比详见图 2-1，其中，2014 年前期工作文档、标准与管理制度分布情况详见图 2-2。

表 2-1 　　　　2014 年度标准规范、管理规章制度情况 　　　　单位：个

分　类	水利部	流域小计	地方小计	全国合计
2014 年度标准规范	5	0	7	12
2014 年度管理规章制度	1	11	27	39

注　流域指水利部所辖 7 个流域机构，地方指省级水利部门，下同。

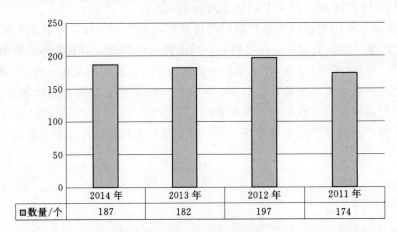

	2014 年	2013 年	2012 年	2011 年
数量/个	187	182	197	174

图 2-1　2014 年、2013 年、2012 年和 2011 年前期工作文档、标准与管理制度对比图

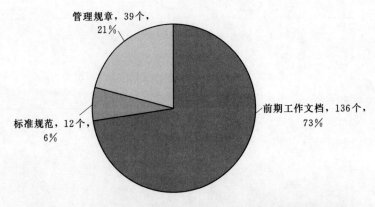

图 2-2　2014 年前期工作文档、标准规范与管理规章制度情况

（二）运行维护

截至 2014 年年末，全国省级以上水利部门从事信息系统维护保障工作的人员达 2013 人，占信息化从业人员总数的 62.59%，落实的运行保障经费总额为 29443.97 万元，其中专项维护经费 26048.73 万元，较 2013 年有所增长。2014 年运行维护人员和经费情况见表 2-2。

表 2-2　　　　　　　　　　2014 年度运行维护人员和经费情况

分　类	信息系统专职运行维护人数/人	调查年度到位的运行维护资金	
		总经费/万元	专项维护经费/万元
水利部机关	39	4019.70	4019.70
流域小计	791	9597.43	9597.43
地方小计	1183	15826.84	12431.60
全国合计	2013	29443.97	26048.73

（三）项目投资

2014 年度全国省级以上水利部门主持新建的信息化项目计划投资总额为 294556.36 万元，新建信息化项目共计 243 项，较 2013 年增长 16.83%，信息化部门参与了其中 173 项的审批，单项项目平均投资为 1212.17 万，投资力度在逐年加大，详见表 2-3。

2014 年度全国省级以上水利部门主持通过验收的信息化项目共 156 项，信息化部门参与了其中 136 项项目的验收，占总验收项目比例的 87.18%。

表 2-3　　　　　　　　　2014 年水利信息化新建项目计划投资汇总表

		其　　中	金额/万元	所占比例/%	总额/万元
2014 年全国水利信息化新建项目投资总额	按投资来源分类	中央投资	213164.85	72.37	294556.36
		地方投资	73564.71	24.97	
		其他投资	7826.80	2.66	
	按主持部门分类	水利部主持的新建项目投资总额	15775.62	5.36	
		流域机构主持的新建项目投资总额	15282.08	5.19	
		地方水利部门主持的新建项目投资额	263498.66	89.46	

（四）机构和人才队伍

从事水利信息化工作的人员数量在近几年间持续增长，如图 2-3 所示。2014 年全国从事水利信息化工作的人员达到 3216 人，其中水利部机关、流域机构和地方水行政主管部门的人员分布情况如图 2-4 所示。区域分布上东部地区主要从事信息化工作的人员数比中西部多，如图 2-5 所示。其中：东部地区包括北京、天津、河北、辽宁、上海、江苏、浙江、福建、山东、广东和海南；中部地区包括山西、吉林、黑龙江、安徽、江西、河南、湖北和湖南；西部地区包括内蒙古、广西、重庆、四川、贵州、云南、西藏、陕西、甘肃、青海、宁夏、新疆和新疆生产建设兵团，下同。

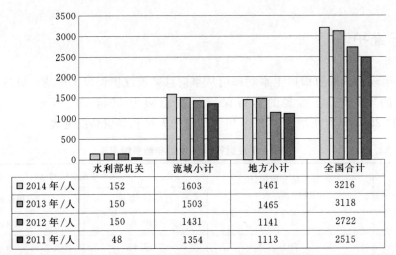

	水利部机关	流域小计	地方小计	全国合计
2014 年/人	152	1603	1461	3216
2013 年/人	150	1503	1465	3118
2012 年/人	150	1431	1141	2722
2011 年/人	48	1354	1113	2515

图 2-3　2014 年、2013 年、2012 年和 2011 年从事信息化工作的人员情况

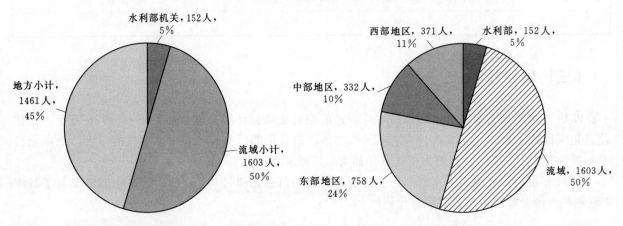

图 2-4　水利部机关、流域机构、地方从事信息化
工作人员分布图

图 2-5　全国从事信息化工作人员分布图

（五）信息化发展状况评估工作

2014 年，全国省级以上水利部门有 11 家单位对本单位或所辖区域开展了水利信息化发展状况评估，每项评估工作开展的单位均较少，其中进行辖区内年度水利信息化发展定量化评估的单位数最低，只有 5 家，总体上东部地区略好，见图 2-6。

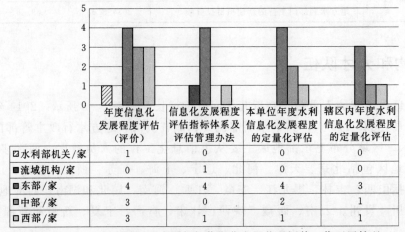

	年度信息化发展程度评估（评价）	信息化发展程度评估指标体系及评估管理办法	本单位年度水利信息化发展程度的定量化评估	辖区内年度水利信息化发展程度的定量化评估
水利部机关/家	1	0	0	0
流域机构/家	0	1	0	0
东部/家	4	4	4	3
中部/家	3	0	2	1
西部/家	3	1	1	1

图 2-6　2014 年省级以上水利部门信息化发展状况评估工作开展情况

三、水利信息系统运行环境

（一）水利信息网络

截至 2014 年年末，省级以上水利部门（内外网合计）拥有服务器 4567 套，联网计算机（PC）（内外网合计）共 84503 台，内外网合计人均拥有联网计算机（PC）约 1.03 台，比 2013 年度的 1.01 台有所增加。服务器数量较 2013 年增长较大，其中：内网服务器 1311 套，内网联网计算机（PC）17827 台；外网服务器 3256 套，外网联网计算机（PC）66676 台。地区分布方面，东部地区（内外网合计）服务器和联网计算机仍远远高于中部地区和西部地区，如表 3-1 所列。

表 3-1　　　　　　　2014 年度全国水利信息网络联网计算机和服务器规模

分　类		内　网		外　网	
		服务器/套	联网计算机/台	服务器/套	联网计算机/台
水利部机关		42	525	303	2000
流域小计		133	1457	1343	32023
地方	东部	627	10132	801	17522
	中部	244	3395	291	7031
	西部	265	2318	518	8100
	小计	1136	15845	1610	32653
合计		1311	17827	3256	66676

2014 年全国水利信息网络联网计算机和服务器规模与 2013 年、2012 年、2011 年对比情况如表 3-2 所列，服务器增长率达到 30.08%，内外网联网计算机较 2013 年增加 6.22%，人均计算机数量较 2013 年增长 2.29%。

表 3-2　　　　2014 年、2013 年、2012 年、2011 年水利信息网络联网计算机和服务器规模对比

指标名称	2014 年	2013 年	2012 年	2011 年	较 2013 年增长率
服务器/套	4567	3511	3273	3053	30.08%
联网计算机/台	84503	79551	74964	71069	6.22%
人均计算机数量/（台/人）	1.03	1.01	0.96	0.91	2.29%

内网建设方面，2014 年水利部机关与应联直属单位联通率为 38.46%，流域机构与其应联直属单位的平均联通率达到 46.43%，见表 3-3。全国省级水行政主管部门与其应联直属单位的平均联通率达到 40.40%，与所辖地市（直辖市所辖区县统一计为地市，下同）的内网平均联通率达到 52.69%，与所辖县市的联通率达到 39.57%，详见表 3-4。

根据本年度填报数据，统计所有填报有效的内网接入中，各种不同接入方式所占比例见表 3-5。

在外网建设方面，水利部机关与直属单位外网联通率为 69.23%，与下属单位（流域机构和省级水行政主管部门）实现外网全联通，流域机构与其应联直属单位的外网平均联通率达到 82.14%，与其应联下属单位的外网平均联通率达到 83.10%，详见表 3-6。省级水行政主管部门与直属单位外网联通率为 65.56%，与地市外网联通率为 87.35%，与县级水利部门外网联通率为 58.46%，详见表 3-7。

表 3 – 3   **2014 年水利部机关、流域机构内网联通情况**

单位名称	直属单位						下属单位		
	直属单位/个	以局域网联入内网的单位/个	以广域网联入内网的单位/个	以局域网联入内网的联通率/%	以广域网联入内网的联通率/%	直属单位联入内网的联通率/%	下属单位/个	已联入内网的下属单位/个	内网联通率/%
水利部机关	13	4	1	30.77	7.69	38.46	39	7	17.95
长江水利委员会	19								
黄河水利委员会	17								
淮河水利委员会	10	8	1	80.00	10.00	90.00			
海河水利委员会	16	12		75.00		75.00			
珠江水利委员会	7	5		71.43		71.43			
松辽水利委员会	9	8		88.89		88.89			
太湖流域管理局	6	5		83.33		83.33			
流域小计	84	38	1	45.24	1.19	46.43			

表 3 – 4   **2014 年省级水行政主管部门直属单位及地市县内网联通情况**

单位名称	直属单位						地（市）县					
	直属单位/个	以局域网联入内网的单位/个	以广域网联入内网的单位/个	局域网联入联通率/%	广域网联入联通率/%	直属单位联入联通率/%	地市/个	已联入内网的地市/个	联通率/%	县（市）/个	已联入内网的县（市）/个	联通率/%
北京	30	30	0	100.00	0	100.00	16	16	100.00			
天津	27	4	23	14.81	85.19	100.00	10	10	100.00			
河北	16	0	7	0	43.75	43.75	11	11	100.00	173	172	99.42
山西	13	1	8	7.69	61.54	69.23	11	9	81.82	109	0	0
内蒙古	18	0	0	0	0	0	14		0	101		0
辽宁	32	18	0	56.25	0	56.25	16		0	104	0	0
吉林	27			0	0	0	10	9	90.00	34		0
黑龙江	12			0	0	0	12		0	64		0
上海	12	3	1	25.00	8.33	33.33	17	17	100.00			
江苏	35	0	35	0	100.00	100.00	13	13	100.00	106	106	100.00
浙江	19	2	0	10.53	0	10.53	11	11	100.00	90	89	98.89
安徽	23	0	2	0	8.70	8.70	16	0	0	104	0	0
福建	32	7	13	21.88	40.63	62.50	10	10	100.00	85	85	100.00
江西	16	0	8	0	50.00	50.00	12	11	91.67	114	97	85.09
山东	18	18		100.00	0	100.00	17	17	100.00	140	140	100.00
河南	28			0	0	0	18		0	159		0
湖北	14			0	0	0	17		0	120		0
湖南	16	3	0	18.75	0	18.75	14	14	100.00	124	124	100.00
广东	10	3	7	30.00	70.00	100.00	21	21	100.00	121	121	100.00
广西	13	10	0	76.92	0	76.92	14	0	0	120	0	0
海南												

续表

单位名称	直属单位						地（市）县					
	直属单位/个	以局域网联入内网的单位/个	以广域网联入内网的单位/个	局域网联入联通率/%	广域网联入联通率/%	直属单位联通率/%	地市/个	已联入内网的地市/个	联通率/%	县（市）/个	已联入内网的县（市）/个	联通率/%
重庆	11	0	0	0	0	0	41	5	12.20			
四川	20	0	6	0	30.00	30.00	21	6	28.57	183	17	9.29
贵州	17					0	9	0	0	88		0
云南	11	0	1	0	9.09	9.09	16	16	100.00	129	0	0
西藏	10	1	0	10.00	0	10.00	7	0	0	74	0	0
陕西	17	5	0	29.41	0	29.41	12	12	100.00	107	104	97.20
甘肃	22	5		22.73	0	22.73	14	14	100.00	86	7	8.14
青海	13	10	3	76.92	23.08	100.00	8	3	37.50	39		
宁夏	39	10	0	25.64	0	25.64	5	0	0	22	0	0
新疆	33					0	14	0	0	88		0
兵团												
合计	604	130	114	21.52	18.87	40.40	427	225	52.69	2684	1062	39.57

注 单位名称中的省份代表该省份水行政主管部门，如北京表示北京市水务局，下同。

表 3-5　　　　　**2014 年省级以上水行政主管部门内网联通接入形式分布情况**

接入形式	以广域网接入内网			以局域网接入内网	统计接入总数
	连接带宽<10MB	10MB<连接带宽<100MB	连接带宽>100MB		
接入数量/个	689	36	7	408	1140
所占比例/%	60.44	3.16	0.61	35.79	100.00

表 3-6　　　　　**2014 年水利部机关、流域机构外网联通情况**

单位名称	直属单位						下属单位		
	直属单位/个	以局域网联入外网的单位/个	以广域网联入外网的单位/个	以局域网联入外网的联通率/%	以广域网联入外网的联通率/%	直属单位联入外网的联通率/%	下属单位/个	已联入外网的下属单位/个	外网联通率/%
水利部机关	13	5	4	38.46	30.77	69.23	39	39	100.00
长江水利委员会	19	3	9	15.79	47.37	63.16	19	8	42.11
黄河水利委员会	17	9		52.94	0	52.94	108	108	100.00
淮河水利委员会	10		10	0	100.00	100.00	1	1	100.00
海河水利委员会	16	12	4	75.00	25.00	100.00	67	47	70.15
珠江水利委员会	7	6	1	85.71	14.29	100.00	8	7	87.50
松辽水利委员会	9	8	1	88.89	11.11	100.00	5	3	60.00
太湖流域管理局	6	5	1	83.33	16.67	100.00	5	3	60.00
流域小计	84	43	26	51.19	30.95	82.14	213	177	83.10

表 3-7 2014 年省级水行政主管部门直属单位及地市县外网联通情况

单位名称	直 属 单 位						地（市）县					
	直属单位/个	以局域网联入外网的单位/个	以广域网联入外网的单位/个	局域网联入联通率/%	广域网联入联通率/%	直属单位联通率/%	地市/个	已联入外网的地市/个	联通率/%	县(市)/个	已联入外网的县(市)/个	联通率/%
北京市水务局	30	27	3	90.00	10.00	100.00	16	16	100.00			
天津市水务局	27	4	23	14.81	85.19	100.00	10	10	100.00			
河北省水利厅	16		7	0	43.75	43.75	11	11	100.00	173	173	100.00
山西省水利厅	13	5	8	38.46	61.54	100.00	11	11	100.00	109		0
内蒙古自治区水利厅	18	9	1	50.00	5.56	55.56	14		0	101		0
辽宁省水利厅	32	19	10	59.38	31.25	90.63	16	16	100.00	104	94	90.38
吉林省水利厅	27	27		100.00	0	100.00	10	9	90.00	34		0
黑龙江省水利厅	12			0	0	0	12	2	16.67	64	14	21.88
上海市水务局	12	2	10	16.67	83.33	100.00	17	17	100.00			
江苏省水利厅	35	12	23	34.29	65.71	100.00	13	13	100.00	106	106	100.00
浙江省水利厅	19	3		15.79		15.79	11	11	100.00	90		0
安徽省水利厅	23	6	17	26.09	73.91	100.00	16	16	100.00	104	49	47.12
福建省水利厅	32	8	8	25.00	25.00	50.00	10	10	100.00	85	27	31.76
江西省水利厅	16	8		50.00	0	50.00	12	11	91.67	114	97	85.09
山东省水利厅	18	10		55.56	0	55.56	17	17	100.00	140	140	100.00
河南省水利厅	28	6	10	21.43	35.71	57.14	18	18	100.00	159	134	84.28
湖北省水利厅	14	14		100.00		100.00	17	17	100.00	120	120	100.00
湖南省水利厅	16		4	0	25.00	25.00	14	14	100.00	124	124	100.00
广东省水利厅	10	3	7	30.00	70.00	100.00	21	21	100.00	121	121	100.00
广西壮族自治区水利厅	13	10		76.92	0	76.92	14	14	100.00	120	120	100.00
海南省水务厅												
重庆市水利局	11	10	1	90.91	9.09	100.00	41	41	100.00			
四川省水利厅	20	1	4	5.00	20.00	25.00	21	5	23.81	183	12	6.56
贵州省水利厅	17	4	4	23.53	23.53	47.06	9	9	100.00	88		0
云南省水利厅	11		2	0	18.18	18.18	16	16	100.00	129	95	73.64
西藏自治区水利厅	10	2		20.00	0	20.00	7		0	74		0
陕西省水利厅	17	1	16	5.88	94.12	100.00	12	12	100.00	107	107	100.00
甘肃省水利厅	22	1	1	4.55	4.55	9.09	14	14	100.00	86	14	16.28
青海省水利厅	13	1	3	7.69	23.08	30.77	8	3	37.50	39	1	2.56
宁夏回族自治区水利厅	39	13	19	33.33	48.72	82.05	5	5	100.00	22	21	95.45
新疆维吾尔自治区水利厅	33		9	0	27.27	27.27	14	14	100.00	88		0
新疆生产建设兵团水利局												
合 计	604	206	190	34.11	31.46	65.56	427	373	87.35	2684	1569	58.46

根据本年度填报数据，统计所有填报有效的外网接入中，各种不同接入方式所占比例见表3-8。

表3-8　　　　　2014年省级以上水行政主管部门外网联通接入形式分布情况

接入形式	以广域网接入外网			以局域网接入外网	统计接入总数
	连接带宽<10MB	10MB<连接带宽<100MB	连接带宽>100MB		
接入数量/个	607	588	23	1306	2524
所占比例/%	24.05	23.30	0.91	51.74	100.00

（二）视频会议系统

截至2014年年末，水利部机关的视频会议系统连接了25个直属单位中的11个，其中有8个以高清形式接入，3个以标清形式接入；流域机构统计的67个一级直属单位中有41个单位接入视频会议系统，其中11个以高清形式接入，16个以标清形式接入，14个以共享形式接入，详见表3-9。水利部机关与32个省级水行政主管部门中全部以高清形式接入；流域机构统计的48个二级直属单位中，有41个单位连入视频会议系统，其中13个以高清形式接入，19个以标清形式接入，9个以共享形式接入，详见表3-10。

表3-9　　　　2014年水利部机关、流域机构与一级直属单位视频会议系统接入情况

单位名称	一级直属单位/个	接入方式				不同接入方式的接入率/%				联通率/%
		高清	标清	共享	未接入	高清	标清	共享	未接入	
水利部机关	25	8	3		14	32.00	12.00		56.00	44.00
长江水利委员会	19	3	1		15	15.79	5.26		78.95	21.05
黄河水利委员会	17		12	5			70.59	29.41		100.00
淮河水利委员会										
海河水利委员会	13	3	1	9		23.08	7.69	69.23		100.00
珠江水利委员会	7	2			5	28.57			71.43	28.57
松辽水利委员会	9	2	1		6	22.22	11.11		66.67	33.33
太湖流域管理局	2	1	1			50.00	50.00			100.00
流域小计	67	11	16	14	26	16.42	23.88	20.90	38.81	61.19

表3-10　　　　2014年水利部机关、流域机构与二级直属单位视频会议系统接入情况

单位名称	二级直属单位/个	接入方式				不同接入方式的接入率/%				联通率/%
		高清	标清	共享	未接入	高清	标清	共享	未接入	
水利部机关	32（省）	32				100.00				100.00
长江水利委员会	9	9				100.00				100.00
黄河水利委员会										
淮河水利委员会										
海河水利委员会	33	4	15	9	5	12.12	45.45	27.27	15.15	84.85
珠江水利委员会										
松辽水利委员会	3		1		2	33.33			66.67	33.33
太湖流域管理局	3		3				100.00			100.00
流域小计	48	13	19	9	7	27.08	39.58	18.75	14.58	85.42

省级水行政主管部门统计的 559 家直属单位中，有 265 家接入视频会议系统，联通率为 47.41％，其中 139 家以高清形式接入，99 家以标清形式接入，27 家以共享形式接入，详见表 3-11；在省级水行政主管部门统计的 417 家市级单位中，有 392 家接入视频会议系统，联通率达到 94.00％，其中有 299 家以高清形式接入，82 家以标清形式接入，11 家以共享形式接入，详见表 3-12；在省级水行政主管部门统计的 2185 家县级单位中，有 1879 家接入视频会议系统，联通率为 86.00％，其中 1191 家以高清形式接入，673 家以标清形式接入，15 家以共享形式接入，详见表 3-13。

表 3-11 　　　　　　2014 年省级水行政主管部门与直属单位视频会议系统接入情况

单位名称	直属单位/个	接入方式				不同接入方式的接入率/％				联通率/％
		高清	标清	共享	未接入	高清	标清	共享	未接入	
北京	30		11		19		36.67		63.33	36.67
天津	29	1	4	6	18	3.45	13.79	20.69	62.07	37.93
河北	16		7		9		43.75		56.25	43.75
山西	13	5			8	38.46			61.54	38.46
内蒙古	18	1			17	5.56			94.44	5.56
辽宁	32	32				100.00				100.00
吉林										
黑龙江	2		2				100.00			100.00
上海	12	7			5	58.33			41.67	58.33
江苏	35	23			12	65.71			34.29	65.71
浙江	19	1			18	5.26			94.74	5.26
安徽	23	1	13		9	4.35	56.52		39.13	60.87
福建	32		2		30		6.25		93.75	6.25
江西	16	1	9		6	6.25	56.25		37.50	62.50
山东	18	18				100.00				100.00
河南	28	9	15		4	32.14	53.57		14.29	85.71
湖北	14		9		5		64.29		35.71	64.29
湖南	16		1		15		6.25		93.75	6.25
广东	10		9		1		90.00		10.00	90.00
广西	13	1			12	7.69			92.31	7.69
海南										
重庆	11			9	2			81.82	18.18	81.82
四川	20	1	2		17	5.00	10.00		85.00	15.00
贵州	17	17				100.00				100.00
云南	1		1				100.00			100.00
西藏	10	2			8	20.00			80.00	20.00
陕西	17	3	2		12	17.65	11.76		70.59	29.41
甘肃	22	5			17	22.73			77.27	22.73
青海	13	1			12	7.69			92.31	7.69
宁夏	39	1	12	12	14	2.56	30.77	30.77	35.90	64.10
新疆	33	9			24	27.27			72.73	27.27
兵团										
合计	559	139	99	27	294	24.87	17.71	4.83	52.59	47.41

表 3-12 **2014 年省级水行政主管部门与市级单位视频会议系统接入情况**

单位名称	市级单位/个	接入方式				不同接入方式的接入率/%				联通率/%
		高清	标清	共享	未接入	高清	标清	共享	未接入	
北京										
天津	10			10				100.00		100.00
河北	11	9	2			81.82	18.18			100.00
山西	11	11				100.00				100.00
内蒙古	15	14		1		93.33		6.67		100.00
辽宁	16	16				100.00				100.00
吉林										
黑龙江	14		14				100.00			100.00
上海	18	18				100.00				100.00
江苏	13	13				100.00				100.00
浙江	11	11				100.00				100.00
安徽	16	15	1			93.75	6.25			100.00
福建	10		10				100.00			100.00
江西	12	12				100.00				100.00
山东	17	17				100.00				100.00
河南	18	13	5			72.22	27.78			100.00
湖北	17		17				100.00			100.00
湖南	14		14				100.00			100.00
广东	21	5	16			23.81	76.19			100.00
广西	14	14				100.00				100.00
海南										
重庆	41	39			2	95.12			4.88	95.12
四川	21	12	2		7	57.14	9.52		33.33	66.67
贵州	14	14				100.00				100.00
云南	17	16			1	94.12			5.88	94.12
西藏	5	5				100.00				100.00
陕西	12	11	1			91.67	8.33			100.00
甘肃	22	14			8	63.64			36.36	63.64
青海	8	1			7	12.50			87.50	12.50
宁夏	5	5				100.00				100.00
新疆	14	14				100.00				100.00
兵团										
合计	417	299	82	11	25	71.70	19.66	2.64	6.00	94.00

表 3-13 **2014 年省级水行政主管部门与县级单位视频会议系统接入情况**

单位名称	县级单位/个	接入方式				不同接入方式的接入率/%				联通率/%
		高清	标清	共享	未接入	高清	标清	共享	未接入	
北京										
天津										
河北	173	142	31			82.08	17.92			100.00
山西	109	107	2			98.17	1.83			100.00

续表

单位名称	县级单位/个	接入方式				不同接入方式的接入率/%				联通率/%
		高清	标清	共享	未接入	高清	标清	共享	未接入	
内蒙古										
辽宁	104	104				100.00				100.00
吉林										
黑龙江										
上海										
江苏	106	106				100.00				100.00
浙江	90	90				100.00				100.00
安徽	104	25	59		20	24.04	56.73		19.23	80.77
福建	85		85				100.00			100.00
江西	114		114				100.00			100.00
山东	140	140				100.00	0.00			100.00
河南	159	20	114		25	12.58	71.70		15.72	84.28
湖北	120		90		30		75.00		25.00	75.00
湖南	124		124				100.00			100.00
广东	121	11	15	15	80	9.09	12.40	12.40	66.12	33.88
广西	120	90			30	75.00			25.00	75.00
海南										
重庆										
四川	78	54	24			69.23	30.77			100.00
贵州										
云南	130	130				100.00				100.00
西藏	54	54				100.00				100.00
陕西	107	89	15		3	83.18	14.02		2.80	97.20
甘肃	86	7			79	8.14			91.86	8.14
青海	39	2			37	5.13			94.87	5.13
宁夏	22	20			2	90.91			9.09	90.91
新疆										
兵团										
合计	2185	1191	673	15	306	54.51	30.80	0.69	14.00	86.00

（三）移动及应急网络

在移动及应急网络方面，截至 2014 年年末，全国省级以上水利部门配置的移动终端达到 6764 台，移动信息采集设备 1198 套，详见表 3-14。其中东部地区的移动信息终端达 1590 台，较 2013 年度的 1469 台增加 121 台，东部地区移动信息采集设备 275 套，较 2013 年度 545 套减少 270 套；流域的移动信息采集设备套数 76 套，西部地区移动信息采集设备最多，达到 642 套，流域、中部地区、西部地区移动信息采集设备数量较 2013 年变化不大。2014 年与 2013 年移动及应急网络情况对比详见表 3-15。

表 3-14　　2014 年水利部、流域机构、东部、中部、西部水行政主管部门移动及应急网络情况

移动及应急网络情况		移动信息终端/台	移动信息采集设备/套
水利部机关		1100	
流域小计		1494	76
地方	东部	1590	275
	中部	1466	205
	西部	1114	642
	小计	4170	1122
全国小计		6764	1198

表 3-15　　　　　　　　2014 年、2013 年、2012 年移动及应急网络情况对比

类　　别	移动信息终端	移动信息采集设备
2014 年	6764 台	1198 套
2013 年	6733 台	1469 套
2012 年	6744 台	899 套
2014 年较 2013 年增长率	0.46	-18.45

（四）存储能力

截至 2014 年年末，省级以上水利部门配备的各类存储设备形成了 5545750.87GB 的总存储容量，较 2013 年的 3939380.71GB 增长 40.78%，其中，外网存储容量达 3849133.17GB，较 2013 年的 2126736.83GB 增长 80.99%，见表 3-16。

表 3-16　　　　　　　　　　　2014 年存储容量情况　　　　　　　　　　单位：GB

分　　类		内网存储容量	外网存储容量	总存储容量
水利部机关		368640.00	591872.00	960512.00
流域小计		559400.00	789857.60	1349257.60
地方	东部	592785.70	1204375.57	1797161.27
	中部	50024.00	417342.00	467366.00
	西部	125768.00	845686.00	971454.00
	小计	768577.70	2467403.57	3235981.27
全国合计		1696617.70	3849133.17	5545750.87

在内外网存储中，各区域发展不平衡，如图 3-1 所示。水利部机关、流域机构与地方各级水行政主管部门内外网总存储量对比如图 3-2 所示。

（五）系统运行安全保障

截至 2014 年年末，全国省级以上水利部门的安全保密防护设备数量（内外网合计）为 1100 套，采用 CA 身份认证的应用系统数量（内外网合计）为 104 个，详见图 3-3。各单位的系统运行安全保障设施的完整性和有效性仍需进一步加强，特别是同城异地数据备份系统、远程异地容灾数据备份系统的应用率较低，应急演练的开展有待进一步提高，详见图 3-4。

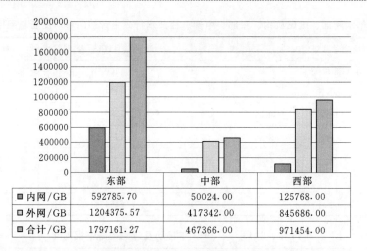

图 3-1　2014 年东部、中部、西部内外网存储容量分布对比图

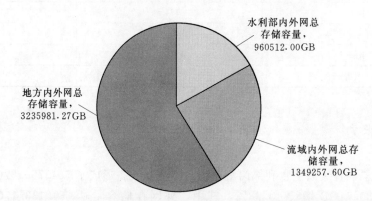

图 3-2　2014 年水利部、流域机构与地方各级水行政主管部门内外网总存储量

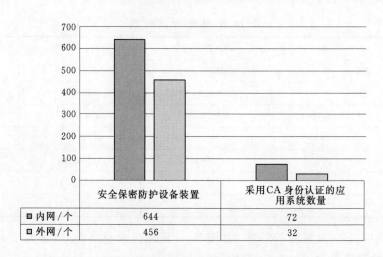

图 3-3　2014 年内外网安全保密防护设备和采用 CA 身份认证的应用系统数量

　　内网方面，2014 年，东部地区的安全保密防护设备数量最多，达到 88 个，较 2013 年有较大增长，中部地区最少；相对而言，采用 CA 身份认证的应用系统数量太少，三地区均普遍薄弱，详见图 3-5。系统运行安全情况中，经济发达的东部地区发展相对均衡，中西部地区与其存在一定的差距，详见图 3-6。

　　外网方面，2014 年，东部地区的安全保密防护设备数量最多，达到 104 个，中部地区最少，只有 39 个，仅为东部地区的 37.5%；东部、中部和西部地区采用 CA 身份认证的应用系统数量普遍较少，中部地区最为薄弱，仅有 3 个，详见图 3-7。系统运行安全情况中，经济发达的东部地区发展

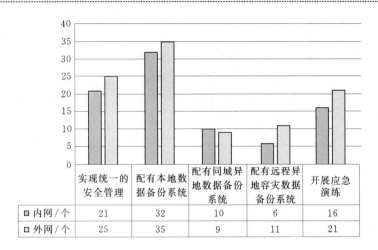

	实现统一的安全管理	配有本地数据备份系统	配有同城异地数据备份系统	配有远程异地数据容灾数据备份系统	开展应急演练
☐ 内网/个	21	32	10	6	16
☐ 外网/个	25	35	9	11	21

图 3-4 2014 年全国省级以上水利部门的系统运行安全情况

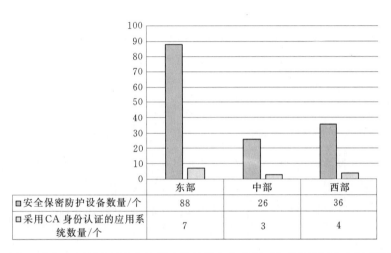

	东部	中部	西部
☐ 安全保密防护设备数量/个	88	26	36
☐ 采用 CA 身份认证的应用系统数量/个	7	3	4

图 3-5 东部、中部和西部内网的安全保密防护设备和采用 CA 身份认证的应用系统数量对比

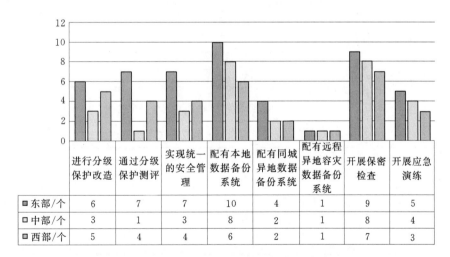

	进行分级保护改造	通过分级保护测评	实现统一的安全管理	配有本地数据备份系统	配有同城异地数据备份系统	配有远程异地数据容灾数据备份系统	开展保密检查	开展应急演练
☐ 东部/个	6	7	7	10	4	1	9	5
☐ 中部/个	3	1	3	8	2	1	8	4
☐ 西部/个	5	4	4	6	2	1	7	3

图 3-6 东部、中部和西部内网的系统运行安全情况对比

比较均衡,中西部地区与其依然存在一定的差距,西部地区开展的安全检查的单位最多,达到 12 家单位;在组织应急演练和组织开展信息安全风险评估工作方面,中西部地区的系统覆盖率较东部地区存在较大差距,详见图 3-8。

2014 年,水利部机关、流域机构和地方的信息系统等级保护情况详见表 3-17,总体来看,全国各单位的二级信息系统数量最多,但是已整改的系统数量和已通过测评的系统数量较总体所占比例普遍较小。

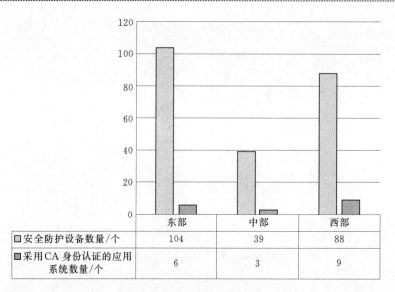

	东部	中部	西部
□ 安全防护设备数量/个	104	39	88
▨ 采用CA 身份认证的应用系统数量/个	6	3	9

图 3-7　东部、中部和西部外网的安全保密防护设备和采用 CA 身份认证的应用系统数量对比

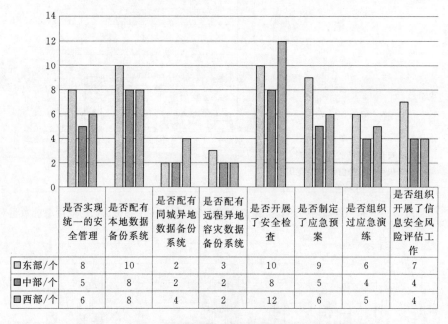

	是否实现统一的安全管理	是否配有本地数据备份系统	是否配有同城异地数据备份系统	是否配有远程异地容灾数据备份系统	是否开展了安全检查	是否制定了应急预案	是否组织过应急演练	是否组织开展了信息安全风险评估工作
□ 东部/个	8	10	2	3	10	9	6	7
▨ 中部/个	5	8	2	2	8	5	4	4
▨ 西部/个	6	8	4	2	12	6	5	4

图 3-8　东部、中部和西部外网的系统运行安全情况对比

表 3-17　　　　　2014 年水利部、流域机构和地方信息系统等级保护情况　　　　　单位：个

类别	总数量				已整改				已通过测评的系统数量			
	三级信息系统	二级信息系统	一级信息系统	未定级信息系统	三级信息系统	二级信息系统	一级信息系统	未定级信息系统	三级信息系统	二级信息系统	一级信息系统	未定级信息系统
水利部机关	8	4	0	0	6	4	0	0	6	4	0	0
流域小计	36	61	17	138	23	22	0	0	0	0	0	0
地方小计	51	128	22	45	23	37	0	1	42	63	1	1
全国合计	95	193	39	183	52	63	0	1	48	67	1	1

截至 2014 年年末，全国省级以上水利部门共有 95 个三级信息系统，193 个二级信息系统，39 个一级信息系统，183 个未定级信息系统，其中流域机构的未定级信息系统最多，为 138 个；地方部门的二级信息系统最多，为 128 个，详见图 3-9。三级信息系统整改率相对最高，为 54.74%；通过测评的比例也最高，达到 50.53%，详见表 3-18。

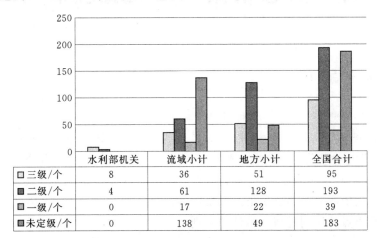

	水利部机关	流域小计	地方小计	全国合计
□ 三级/个	8	36	51	95
■ 二级/个	4	61	128	193
▨ 一级/个	0	17	22	39
▦ 未定级/个	0	138	49	183

图 3-9　2014 年度水利部、流域机构和各地方部门的信息系统等级保护分级分布

表 3-18　　　　　　　　2014 年度信息系统等级保护等级整改率和测评率

级　别	总数量 /个	已整改的系统数量 /个	整改率 /%	已通过测评的系统数量 /个	测评率 /%
三级信息系统	95	52	54.74	48	50.53
二级信息系统	193	63	32.64	67	34.72
一级信息系统	39	0	0	1	2.56
未定级信息系统	183	1	0.55	1	0.55

（六）水利通信系统

2014 年度全国水利卫星小站已达 426 个，其他卫星设施 1535 套，便携卫星小站 47 套；程控交换系统容量为 125576 门，实际用户为 70416 个；应急通信车 28 辆；微波通信线路达 9090.11km，共有 429 个微波通信站；无线宽带接入终端 1921 个；集群通信终端 1222 个，详见表 3-19。

表 3-19　　　　　　　　2014 年度水利通信系统设施情况统计

水利通信系统	卫星通信系统			程控交换系统		应急通信车/辆			微波通信		无线宽带接入	集群通信
	水利卫星小站 /个	其他卫星设施 /套	便携卫星小站 /套	系统容量 /门	实际用户 /个	总数	动中通	静中通	线路长度 /km	站数 /个	终端 /个	终端 /个
水利部机关	1	0	0	8000	5259	0	0	0	0	0	0	0
流域小计	202	174	16	86699	45496	7	1	6	5083.9	272	1472	34
地方小计	223	1361	31	30877	19661	21	4	17	4006.21	157	449	1188
全国合计	426	1535	47	125576	70416	28	5	23	9090.11	429	1921	1222

四、信息采集与工程监控体系

（一）信息采集点

截至 2014 年年末，全国省级以上水利部门能收到数据的各类信息采集点达 140482 处，较 2013 年度的 110152 处增长 27.53%，其中自动采集点为 110622 处，较 2013 年度的 78780 处增长 40.41%，其采集要素与站点数分布如图 4-1 所示。全国自动采集点占全部采集点的比例达到 78.74%，而 2013 年度为 71.20%，自动采集点所占比例有较大提高。在采集要素中，雨量、水位、地下水埋深、水质和其他等要素的总采集点数量较多；雨量、水位、墒情（旱情）和其他要素自动采集点所占其各自总采集点的比例远高于另外的类别。

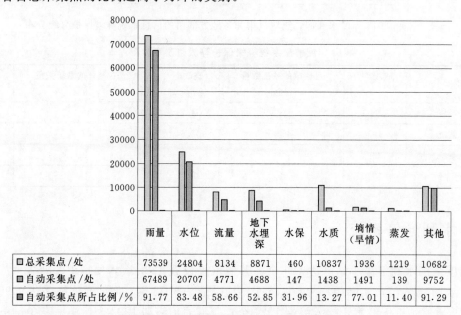

	雨量	水位	流量	地下水埋深	水保	水质	墒情（旱情）	蒸发	其他
□总采集点/处	73539	24804	8134	8871	460	10837	1936	1219	10682
■自动采集点/处	67489	20707	4771	4688	147	1438	1491	139	9752
■自动采集点所占比例/%	91.77	83.48	58.66	52.85	31.96	13.27	77.01	11.40	91.29

图 4-1 2014 年度信息采集要素的站点分布

在各种采集要素的总采集点中，东部地区水位、地下水埋深、水保、水质和其他采集要素的采集点最多，中部地区墒情（旱情）的采集点最多，而雨量、流量和蒸发采集点则西部地区多于中东部地区，详见图 4-2。

总体上，流域机构自动采集点较少，东部地区自动采集点比中部和西部地区多。在各种采集要素的自动采集点中，东部地区水位、地下水埋深、水质、墒情和其他的采集要素的自动采集点最多，中部地区流量、水保、蒸发自动采集点最少，西部地区雨量和流量自动采集点最多。详见图 4-3。

流域机构、东部、中部和西部地区的各采集要素的采集点中，自动采集点占各自的总采集点比例详见表 4-1，其中，雨量、水位和墒情（旱情）采集点的自动化比例较高；水保、水质和蒸发采集点的自动化比例较低。

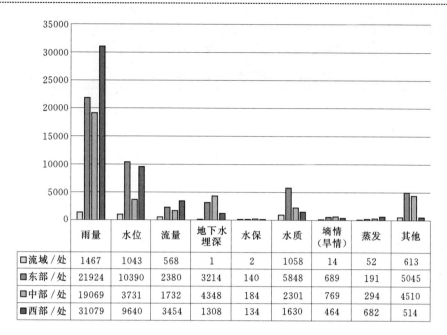

	雨量	水位	流量	地下水埋深	水保	水质	墒情（旱情）	蒸发	其他
□流域/处	1467	1043	568	1	2	1058	14	52	613
■东部/处	21924	10390	2380	3214	140	5848	689	191	5045
□中部/处	19069	3731	1732	4348	184	2301	769	294	4510
■西部/处	31079	9640	3454	1308	134	1630	464	682	514

图 4-2 流域机构、东部、中部和西部采集要素的总采集点分布

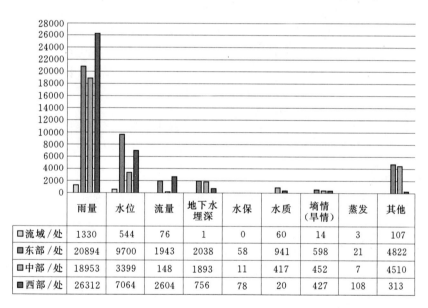

	雨量	水位	流量	地下水埋深	水保	水质	墒情（旱情）	蒸发	其他
□流域/处	1330	544	76	1	0	60	14	3	107
■东部/处	20894	9700	1943	2038	58	941	598	21	4822
□中部/处	18953	3399	148	1893	11	417	452	7	4510
■西部/处	26312	7064	2604	756	78	20	427	108	313

图 4-3 流域机构、东部、中部和西部采集要素的自动采集点分布

表 4-1　　　　　　　　流域机构、东部、中部和西部地区自动采集点所占比例　　　　　　　　%

采集项目		雨量	水位	流量	地下水埋深	水保	水质	墒情（旱情）	蒸发	其他
流域		90.66	52.16	13.38	100.00	0.00	5.67	100.00	5.77	17.46
地方	东部	95.30	93.36	81.64	63.41	41.43	16.09	86.79	10.99	95.58
	中部	99.39	91.10	8.55	43.54	5.98	18.12	58.78	2.38	100.00
	西部	84.66	73.28	75.39	57.80	58.21	1.23	92.03	15.84	60.89

（二）工程监控

2014 年度工程监控信息化发展较快，截至 2014 年年末，全国共有信息化的工程监控系统 1945

个，较 2013 年度的 560 个增长了 247.32%。监控点（视频与非视频）共 31811 个，较 2013 年度的 25047 个增长了 27.01%。独立（移动）点共 825 个，较 2013 年度 816 个增长了 1.10%，详见表 4-2。

表 4-2　　　　　　　　　　监控系统、监控点和独立（移动）点对比　　　　　　　　单位：个

类别		监控系统数	监控点总数	独立（移动）点数
流域小计		96	1134	10
地方	东部	198	8590	246
	中部	145	6149	242
	西部	1506	15938	327
	小计	1849	30677	815
全国合计		1945	31811	825

截至 2014 年年末，西部地区的监控点总数达到 15938 个，总量和增幅均高于东部和中部地区，详见图 4-4。

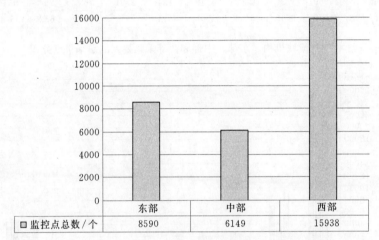

	东部	中部	西部
□ 监控点总数/个	8590	6149	15938

图 4-4　2014 年度东部、中部和西部地区监控点总数

五、资源共享服务体系

（一）数据中心信息服务

截至 2014 年年末，全国省级以上水利部门中有 19 家单位已建立数据中心。数据中心（或数据库系统）信息服务方式中，实现业务系统联机访问和提供授权联机查询的单位相对较多，提供非授权联机下载和提供离线服务的单位较少，其中东部地区已实现的各类数据中心信息服务种类比中部、西部地区多，详见图 5-1、图 5-2。

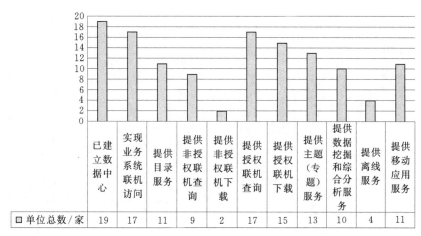

	已建立数据中心	实现业务系统联机访问	提供目录服务	提供非授权联机查询	提供非授权联机下载	提供授权联机查询	提供授权联机下载	提供主题（专题）服务	提供数据挖掘和综合分析服务	提供离线服务	提供移动应用服务
单位总数/家	19	17	11	9	2	17	15	13	10	4	11

图 5-1　2014 年全国水利数据中心（数据库）信息服务方式

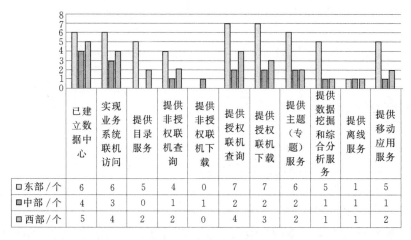

	已建立数据中心	实现业务系统联机访问	提供目录服务	提供非授权联机查询	提供非授权联机下载	提供授权联机查询	提供授权联机下载	提供主题（专题）服务	提供数据挖掘和综合分析服务	提供离线服务	提供移动应用服务
东部/个	6	6	5	4	0	7	7	6	5	1	5
中部/个	4	3	0	1	1	2	2	2	1	1	1
西部/个	5	4	2	2	0	4	3	2	1	1	2

图 5-2　2014 年东部、中部、西部数据中心（数据库）信息服务方式

（二）门户服务应用

在门户服务应用中，2014 年度全国省级以上水利部门中有 25 家单位已建立统一的门户服务支撑系统，有 34 家已建立统一的对外服务门户网站，有 24 家已建立统一的对内服务门户网站，但实现基

于门户服务的移动业务应用集成和应急管理业务应用集成的单位仅有 8 家和 7 家，东部地区门户服务
应用普遍好于中部、西部地区，详见图 5 - 3、图 5 - 4。

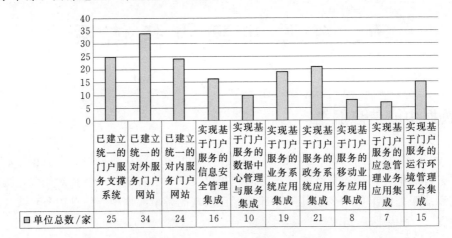

	已建立统一的门户服务支撑系统	已建立统一的对外服务门户网站	已建立统一的对内服务门户网站	实现基于门户服务的信息安全管理集成	实现基于门户服务的数据中心管理与服务集成	实现基于门户服务的业务系统应用集成	实现基于门户服务的政务系统应用集成	实现基于门户服务的移动业务应用集成	实现基于门户服务的应急管理业务应用集成	实现基于门户服务的运行环境管理平台集成
单位总数/家	25	34	24	16	10	19	21	8	7	15

图 5 - 3　2014 年全国门户服务应用情况

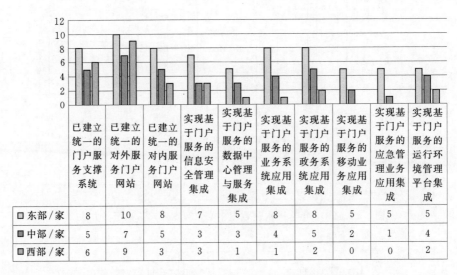

	已建立统一的门户服务支撑系统	已建立统一的对外服务门户网站	已建立统一的对内服务门户网站	实现基于门户服务的信息安全管理集成	实现基于门户服务的数据中心管理与服务集成	实现基于门户服务的业务系统应用集成	实现基于门户服务的政务系统应用集成	实现基于门户服务的移动业务应用集成	实现基于门户服务的应急管理业务应用集成	实现基于门户服务的运行环境管理平台集成
东部/家	8	10	8	7	5	8	8	5	5	5
中部/家	5	7	5	3	3	4	5	2	1	4
西部/家	6	9	3	3	1	1	2	0	0	2

图 5 - 4　2014 年东部、中部、西部门户服务应用情况

（三）数据库建设

截至 2014 年年末，省级以上水利部门正常提供服务的数据库达 990 个，比 2013 年增长 15％，
详见图 5 - 5，数据库存储的各类结构化数据总量达 598551.40GB，详见图 5 - 6。流域机构和西部地
区数据库个数分别占全国的 34％和 23％，为 337 个和 224 个；东部和中部地区数据库库存总数据量
分别占全国的 25％和 21％，详见图 5 - 7、图 5 - 8。

另据统计，截至 2014 年年末，全国省级以上水利部门存储并正常应用的非结构化数据（大文本
文件、影像、图形图片等）总量达到 344188.472GB。其分布如图 5 - 9 所示。

（四）业务支撑能力

全国省级以上水利部门有 22 家单位的数据中心（或数据库系统）能支撑防汛抗旱指挥与管理系
统，有 20 家能支撑水资源监测与管理系统，有 19 家能支撑水文业务管理系统；能支撑农村水电业务

管理系统的只有 9 家，能支撑水利水电工程移民安置与管理系统、水政监察管理系统的均只有 10 家，能支撑水利应急管理系统的只有 11 家，发展相对较慢，详见图 5-10。区域分布如图 5-11 所示。

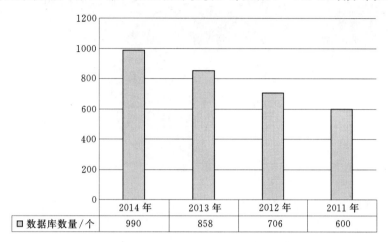

	2014 年	2013 年	2012 年	2011 年
□ 数据库数量/个	990	858	706	600

图 5-5　2014 年、2013 年、2012 年、2011 年数据库个数对比

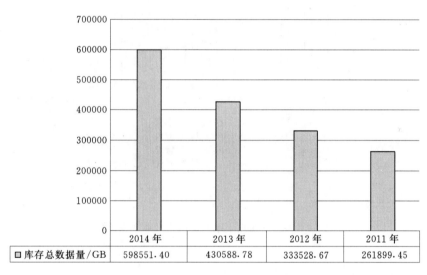

	2014 年	2013 年	2012 年	2011 年
□ 库存总数据量/GB	598551.40	430588.78	333528.67	261899.45

图 5-6　2014 年、2013 年、2012 年、2011 年数据库总库存数据量对比

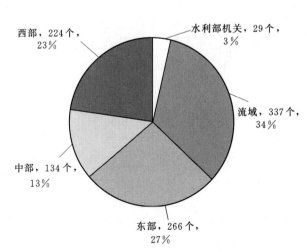

图 5-7　水利部机关、流域、东部、中部、西部
数据库个数

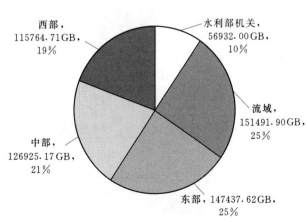

图 5-8　水利部机关、流域、东部、中部、西部
数据库库存数据总量

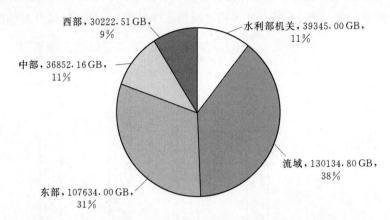

图 5-9　水利部机关、流域、东部、中部、西部非结构化数据总量分布

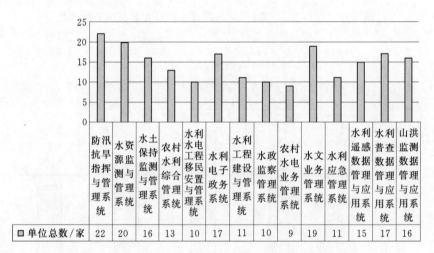

	防汛抗旱指挥与管理系统	水资源监测与管理系统	水土保持监测与管理系统	农村水利综合管理系统	水利水电工程移民安置与管理系统	水利电子政务系统	水利工程建设与管理系统	水政监察管理系统	农村水电业务管理系统	水文业务管理系统	水利应急管理系统	水利遥感数据管理与应用系统	水利普查数据管理与应用系统	山洪监测数据管理与应用系统
单位总数/家	22	20	16	13	10	17	11	10	9	19	11	15	17	16

图 5-10　全国省级以上水利部门水利业务支撑情况

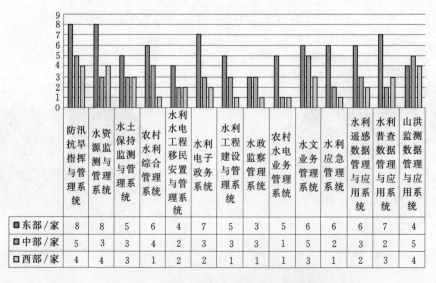

	防汛抗旱指挥与管理系统	水资源监测与管理系统	水土保持监测与管理系统	农村水利综合管理系统	水利水电工程移民安置与管理系统	水利电子政务系统	水利工程建设与管理系统	水政监察管理系统	农村水电业务管理系统	水文业务管理系统	水利应急管理系统	水利遥感数据管理与应用系统	水利普查数据管理与应用系统	山洪监测数据管理与应用系统
东部/家	8	8	5	6	4	7	5	3	5	6	6	6	7	4
中部/家	5	3	3	4	2	3	3	3	1	5	2	3	2	5
西部/家	4	4	3	1	2	2	1	1	1	3	1	2	3	4

图 5-11　东部、中部、西部业务支撑情况

六、综合业务应用体系

（一）水利网站

截至 2014 年年末，全国省级以上水利部门所属的单位总数和有网站的单位数分别为 2690 个和 1371 个；2014 年的建站率达到 50.97％，比 2013 年 43.47％的建站率有所增加。水利部和流域机构的建站率分别达到 97.73％和 66.22％。东部地区的建站率为 71.99％，中部和西部地区建站率较低，详见表 6-1。

表 6-1　　　　　　　　　　　　　　　网 站 建 设 情 况

分　类		单位总数 /个	有网站的单位数 /个	建站率 /％
水利部机关		44	43	97.73
流域小计		74	49	66.22
地方	东部	714	514	71.99
	中部	1003	375	37.39
	西部	855	390	45.61
	小计	2572	1279	49.73
全国合计		2690	1371	50.97

2014 年，各级水行政主管部门的网站建设发展迅速，但是各地区间仍然存在差距。其中，东部地区的建站率相对最高，中部和西部地区建站率相对偏低，详见图 6-1。

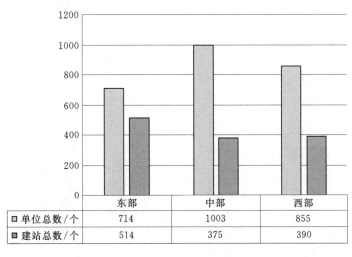

	东部	中部	西部
□ 单位总数/个	714	1003	855
■ 建站总数/个	514	375	390

图 6-1　东部、中部和西部地区水利网站建设情况

（二）门户网站运维管理

截至 2014 年年末，全国水行政主管部门门户网站专职运维人员为 127 人，网站年信息更新量达到 162721 条，网站年新增专题 178 个，详见表 6-2。

表 6-2　　　　　　　　2014 年度水利部机关、流域机构和地方网站运维管理

分　类		专职运维人数 /人	网站年信息更新量 /条	网站年新增专题量 /个
水利部机关		8	25000	23
流域小计		30	27134	32
地方	东部	37	46651	50
	中部	26	34813	48
	西部	26	29123	25
	小计	89	110587	123
全国合计		127	162721	178

截至 2014 年年末，全国水行政主管部门门户网站运维管理总体发展较好，其中设有信息发布审核制度的单位达 37 家，详见图 6-2。东部、中部和西部地区门户网站运维管理发展比较均衡，详见图 6-3。

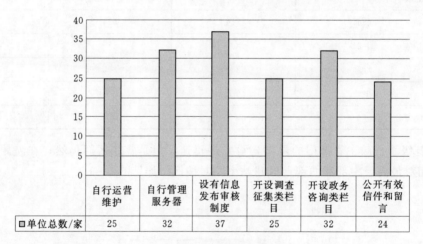

	自行运营维护	自行管理服务器	设有信息发布审核制度	开设调查征集类栏目	开设政务咨询类栏目	公开有效信件和留言
单位总数/家	25	32	37	25	32	24

图 6-2　门户网站运维管理

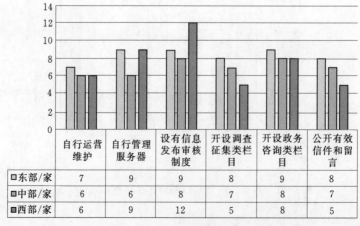

	自行运营维护	自行管理服务器	设有信息发布审核制度	开设调查征集类栏目	开设政务咨询类栏目	公开有效信件和留言
东部/家	7	9	9	8	9	8
中部/家	6	6	8	7	8	7
西部/家	6	9	12	5	8	5

图 6-3　东部、中部和西部地区门户网站运维管理

（三）行政许可网上办理

截至 2014 年年末，全国省级以上水利部门的行政许可共计 681 项，其中 624 项在网站公开及介绍，395 项可网上办理。全国平均行政许可网上办理比例为 58%，其年度变化如图 6-4 所示。流域、地方和全国能够在网上办理的行政许可率均已过半，各级水行政主管部门的行政许可网上办理情况详见表 6-3。

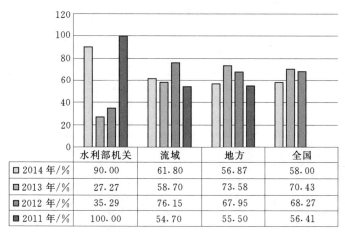

	水利部机关	流域	地方	全国
□ 2014 年/%	90.00	61.80	56.87	58.00
□ 2013 年/%	27.27	58.70	73.58	70.43
■ 2012 年/%	35.29	76.15	67.95	68.27
■ 2011 年/%	100.00	54.70	55.50	56.41

图 6-4 2014 年、2013 年、2012 年和 2011 年能在网上办理的行政许可比例

表 6-3　　　　　　　　　　　　　　　2014 年行政许可网上办理情况

类　别	行政许可项数 /项	网站公开及介绍的 行政许可项数/项	能够在网上办理的 行政许可项数/项	能够在网上办理的行政 许可项数所占比率/%
水利部机关	10	9	9	90.00
流域小计	89	72	55	61.80
地方小计	582	543	331	56.87
全国合计	681	624	395	58.00

（四）办公系统

截至 2014 年年末，全国 40 家省级以上水利部门中，有 27 家已经在本单位内部实现了公文流转无纸化，详见表 6-4、图 6-5 和图 6-6。

表 6-4　　　　　　　　　　　　　　　2014 年信息化办公能力

分　类	本单位内部是否实现了公文流转无纸化/家	本单位与上级领导机关之间是否实现了公文流转无纸化/家	上级水利行业领导机关的单位总数/家	与本单位之间实现了公文流转无纸化的上级水利行业领导机关单位数/家	上级水利行业领导机关与本单位内部公文无纸化实现率/%	与本单位间实现了公文流转无纸化的直属单位数/家	下级水行政主管部门单位总数/家	与本单位间实现了公文流转无纸化的下级水行政主管部门单位数/家	下级水行政主管部门与本单位内部公文无纸化实现率/%
水利部机关	1					38			
流域小计	7	5	7	5	71.43	36	43	7	16.28

续表

分　类		本单位内部是否实现了公文流转无纸化/家	本单位与上级领导机关之间是否实现了公文流转无纸化/家	上级水利行业领导机关的单位总数/家	与本单位之间实现了公文流转无纸化的上级水利行业领导机关单位数/家	上级水利行业领导机关与本单位内部公文无纸化实现率/%	与本单位间实现了公文流转无纸化的直属单位数/家	下级水行政主管部门单位总数/家	与本单位间实现了公文流转无纸化的下级水行政主管部门单位数/家	下级水行政主管部门与本单位内部公文无纸化实现率/%
地方	东部	8	5	20	9	45.00	127	113	72	63.72
	中部	4	4	16	3	18.75	16	80	14	17.50
	西部	7	6	28	6	21.43	108	293	79	26.96
	小计	19	15	64	18	28.13	251	486	165	33.95
全国小计		27	20	71	23	32.39	287	567	172	30.34

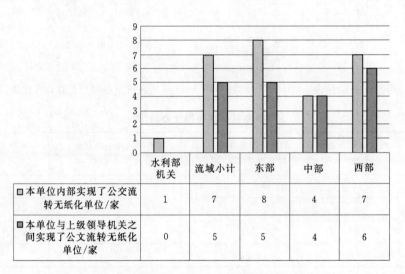

	水利部机关	流域小计	东部	中部	西部
■本单位内部实现了公交流转无纸化单位/家	1	7	8	4	7
■本单位与上级领导机关之间实现了公文流转无纸化单位/家	0	5	5	4	6

图 6-5　2014 年公文流转无纸化统计

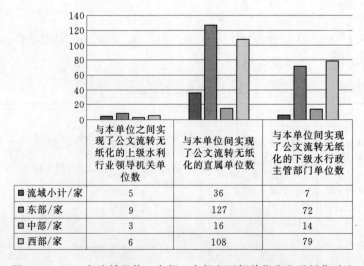

	与本单位之间实现了公文流转无纸化的上级水利行业领导机关单位数	与本单位间实现了公文流转无纸化的直属单位数	与本单位间实现了公文流转无纸化的下级水行政主管部门单位数
■流域小计/家	5	36	7
■东部/家	9	127	72
□中部/家	3	16	14
□西部/家	6	108	79

图 6-6　2014 年流域机构、东部、中部和西部单位公文无纸化对比

（五）业务应用系统

2014年，水利业务应用系统发展仍不够均衡，其中防汛抗旱指挥与管理系统、水资源监测与管理系统、水土保持监测与管理系统、水利电子政务系统、水文业务管理系统、水利普查数据管理与应用系统和山洪监测数据管理与应用系统发展水平较高；水利水电工程移民安置与管理系统和水利应急管理系统应用较少，分别只有11家和9家单位配置了相应系统，详见图6-7。水利业务应用系统覆盖率最高的为防汛抗旱指挥与管理系统，高达95％，水利水电工程移民安置与管理系统和水利应急管理系统覆盖率较低，分别为27.5％和22.5％，详见图6-8。

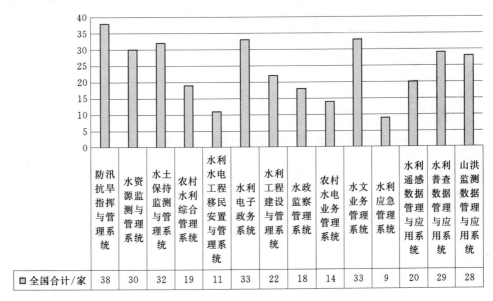

	防汛抗旱指挥与管理系统	水资源监测与管理系统	水土保持监测与管理系统	农村水利综合管理系统	水利水电工程移民安置与管理系统	水利电子政务系统	水利工程建设与管理系统	水政监察管理系统	农村水电业务管理系统	水文业务管理系统	水利应急管理系统	水利遥感数据管理与应用系统	水利普查数据管理与应用系统	山洪监测数据管理与应用系统
全国合计/家	38	30	32	19	11	33	22	18	14	33	9	20	29	28

图6-7　2014年水利业务应用系统情况

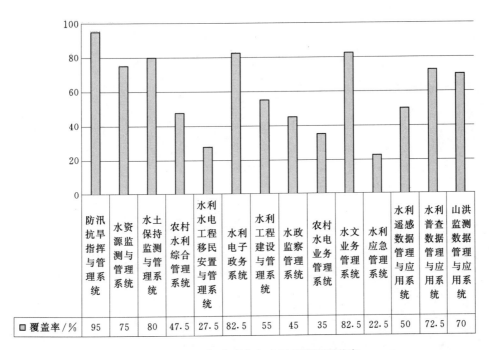

	防汛抗旱指挥与管理系统	水资源监测与管理系统	水土保持监测与管理系统	农村水利综合管理系统	水利水电工程移民安置与管理系统	水利电子政务系统	水利工程建设与管理系统	水政监察管理系统	农村水电业务管理系统	水文业务管理系统	水利应急管理系统	水利遥感数据管理与应用系统	水利普查数据管理与应用系统	山洪监测数据管理与应用系统
覆盖率/%	95	75	80	47.5	27.5	82.5	55	45	35	82.5	22.5	50	72.5	70

图6-8　2014年水利业务应用系统的覆盖率

2014年，水利业务应用系统在东部、中部和西部地区之间的发展不均衡，总体上东部和西部地区较高；在各自区域内水利业务应用系统的发展也不均衡，详见图 6-9。

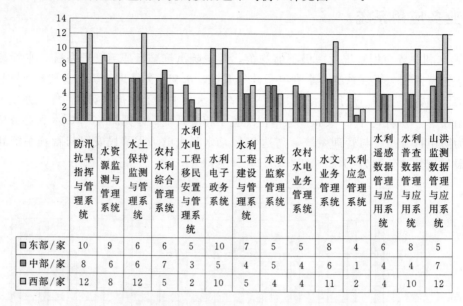

	防汛抗旱指挥与管理系统	水资源监测与管理系统	水土保持监测与管理系统	农村水利综合管理系统	水利水电工程移民安置与管理系统	水利电子政务系统	水利工程建设与管理系统	水政监察管理系统	农村水电业务管理系统	水文业务管理系统	水利应急管理系统	水利遥感数据管理与应用系统	水利普查数据管理与应用系统	山洪监测数据管理与应用系统
□东部/家	10	9	6	6	5	10	7	5	5	8	4	6	8	5
■中部/家	8	6	6	7	3	5	4	5	4	6	1	4	4	7
□西部/家	12	8	12	5	2	10	5	4	4	11	2	4	10	12

图 6-9 2014 年东部、中部和西部单位水利业务应用系统对比

七、2014 年度发展特点

（一）新建项目计划投资力度明显加大

2014 年度省级以上水利部门主持新建的信息化项目共计 243 项，比 2013 年增长 16.83%。新建项目计划投资总额为 294556.36 万元，单个项目投资平均达到 1212 万元，投资力度明显加大，见表 7-1。

表 7-1　　　　　　　2014 年、2013 年和 2012 年新建项目计划投资情况对比

分　类	2014 年	2013 年	2012 年
新建项目个数/个	243	208	190
中央投资/万元	213164.85	118907.41	52438.81
地方投资/万元	73564.71	78609.74	41686.39
其他投资/万元	7826.80	4309.06	10519.74
总投资/万元	294556.36	201826.21	104644.9

在年度新建项目计划投资中，西部地区投资总额最高，为 114951.16 万元，中部地区投资总额最低，为 52515.76 万元，三大地区投资总额比 2013 年均有所增加。2014 年，西部地区中央投资最高，而东部地区地方投资和其他投资最高，详见表 7-2。

表 7-2　　　　　　2014 年、2013 年和 2012 年新建项目计划投资区域对比情况　　　　单位：万元

区域分布	总 投 资 额			中 央 投 资			地 方 投 资			其 他 投 资		
	2014 年	2013 年	2012 年	2014 年	2013 年	2012 年	2014 年	2013 年	2012 年	2014 年	2013 年	2012 年
东部	96031.74	31571.52	45937.97	50701.55	1041.79	4527.00	40383.92	26876.22	32235.23	4946.27	3653.51	657.03
中部	52515.76	15550.82	12081.60	38811.16	10654.62	8423.58	13312.31	4505.70	3432.02	392.30	390.50	541.95
西部	114951.16	25375.87	20336.14	92891.68	14283.00	13369.00	19868.48	10827.82	6019.14	2191.00	265.05	2234.15

（二）运行维护保障能力继续增强

2014 年度，全国水利信息化运行维护能力持续增强，运行维护总经费、专项维护经费和专职运行维护人数较 2013 年均呈增长趋势。

运行维护总经费、专项维护经费和专职运行维护人数的分项统计对比详见图 7-1、图 7-2 和图 7-3。

（三）存储能力与数据资源总量持续增长

与 2013 年、2012 年和 2011 年相比，全国省级以上水利部门存储能力和数据库库存总数据量大幅度增长，截至 2014 年年末，全国省级以上水利部门储存能力达到 5545750.87GB，比 2013 年末的 3939380.71GB 增长 40.78%，数据库库存总数据量达到 598551.40GB，较 2013 年末的 430588.78GB

增长 39.01%，详见图 7-4 和图 7-5。

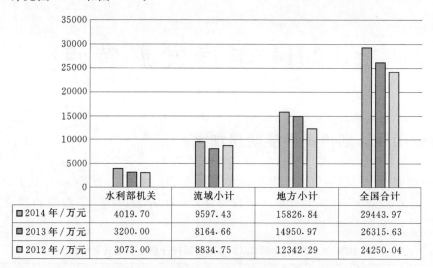

	水利部机关	流域小计	地方小计	全国合计
2014 年/万元	4019.70	9597.43	15826.84	29443.97
2013 年/万元	3200.00	8164.66	14950.97	26315.63
2012 年/万元	3073.00	8834.75	12342.29	24250.04

图 7-1 2014 年、2013 年和 2012 年信息化运行维护总经费

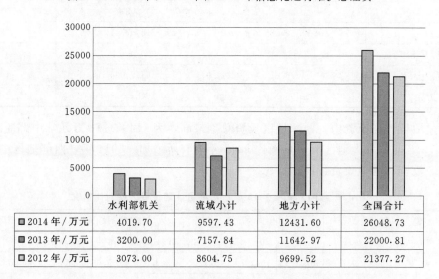

	水利部机关	流域小计	地方小计	全国合计
2014 年/万元	4019.70	9597.43	12431.60	26048.73
2013 年/万元	3200.00	7157.84	11642.97	22000.81
2012 年/万元	3073.00	8604.75	9699.52	21377.27

图 7-2 2014 年、2013 年和 2012 年信息化运行专项维护经费

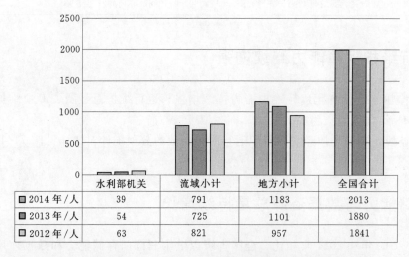

	水利部机关	流域小计	地方小计	全国合计
2014 年/人	39	791	1183	2013
2013 年/人	54	725	1101	1880
2012 年/人	63	821	957	1841

图 7-3 2014 年、2013 年和 2012 年信息系统专职运行维护人数

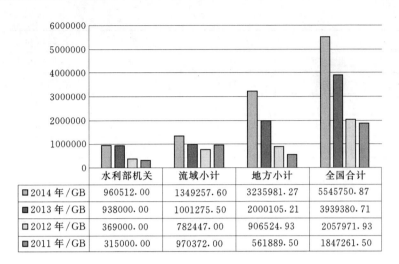

	水利部机关	流域小计	地方小计	全国合计
2014 年/GB	960512.00	1349257.60	3235981.27	5545750.87
2013 年/GB	938000.00	1001275.50	2000105.21	3939380.71
2012 年/GB	369000.00	782447.00	906524.93	2057971.93
2011 年/GB	315000.00	970372.00	561889.50	1847261.50

图 7-4　2014 年、2013 年、2012 年和 2011 年总存储能力对比

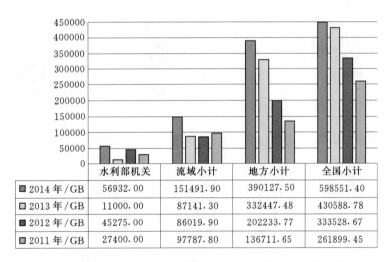

	水利部机关	流域小计	地方小计	全国小计
2014 年/GB	56932.00	151491.90	390127.50	598551.40
2013 年/GB	11000.00	87141.30	332447.48	430588.78
2012 年/GB	45275.00	86019.90	202233.77	333528.67
2011 年/GB	27400.00	97787.80	136711.65	261899.45

图 7-5　2014 年、2013 年、2012 年和 2011 年数据库库存总数据量对比

（四）信息自动采集点规模快速扩充

　　与 2013 年、2012 年和 2011 年相比，2014 年全国省级以上水利部门的信息采集能力进一步增强，信息采集点数量和自动采集点数量均有所增加，详见图 7-6、图 7-7。其中，雨量、水位和流量信息采集点总数增长明显，较 2013 年分别增长 46.99％、31.18％和 70.88％，流量自动采集点增长明显，较 2013 年增长了 259.53％，详见表 7-3。

表 7-3　　　　　　　　　2014 年、2013 年、2012 年、2011 年各类采集点分布情况　　　　　　　单位：处

类　别		2014 年	2013 年	2012 年	2011 年
雨量	总采集点	73539	50030	48284	33011
	自动采集点	67489	45036	34856	24174
水位	总采集点	24804	18909	13674	10749
	自动采集点	20707	15805	10374	7247
流量	总采集点	8134	4760	5220	4329
	自动采集点	4771	1327	1313	1042

续表

类　别		2014 年	2013 年	2012 年	2011 年
地下水埋深	总采集点	8871	10285	12449	11451
	自动采集点	4688	3983	3966	1876
水保·	总采集点	460	368	363	362
	自动采集点	147	79	78	69
水质	总采集点	10837	12003	11757	8035
	自动采集点	1438	931	1182	1154
墒情（旱情）	总采集点	1936	1694	1826	1578
	自动采集点	1491	1090	974	905

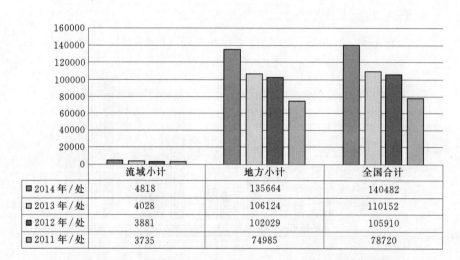

	流域小计	地方小计	全国合计
■ 2014 年 / 处	4818	135664	140482
□ 2013 年 / 处	4028	106124	110152
■ 2012 年 / 处	3881	102029	105910
■ 2011 年 / 处	3735	74985	78720

图 7-6　2014 年、2013 年、2012 年、2011 年总信息采集点数量对比

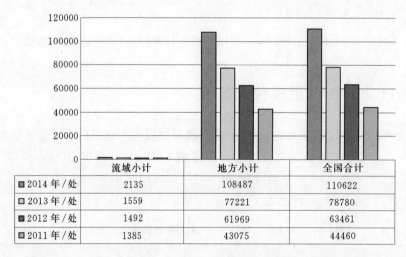

	流域小计	地方小计	全国合计
■ 2014 年 / 处	2135	108487	110622
□ 2013 年 / 处	1559	77221	78780
■ 2012 年 / 处	1492	61969	63461
■ 2011 年 / 处	1385	43075	44460

图 7-7　2014 年、2013 年、2012 年、2011 年自动信息采集点总数对比

八、重点工程进展

（一）国家防汛抗旱指挥系统

2014 年，国家防汛抗旱指挥系统工程项目建设办公室（本节内称"部项目办"）在水利部领导的关心下，在国家防汛抗旱指挥系统工程领导小组成员单位、各司局的大力指导和配合下，在国家防办、水利部水文局（水利信息中心）的密切协作下，全国各项目办精心组织，扎实工作，国家防汛抗旱指挥系统二期工程进展顺利，并已取得了阶段性进展。

1. 完成了二期工程前期准备工作

（1）核定了各流域机构、省（自治区、直辖市）初步设计报告。根据《国家防汛抗旱指挥系统工程建设管理办法（修订稿）》，部项目办完成了各流域机构、省（自治区、直辖市）初步设计报告。

（2）完成了二期工程开工备案。2014 年 5 月，部项目办向水利部报送了《关于国家防汛抗旱指挥系统二期工程开工有关情况的报告》，完成了二期工程的开工备案。

（3）下达了 2014 年度投资计划和建设任务。部项目办按照水利部下达的投资计划要求，给各流域机构、省（自治区、直辖市）分解了各单位的中央投资计划、地方配套要求和建设任务，其中：中央投资 3.9 亿元、地方配套资金 2.0 亿元。

（4）各省（自治区、直辖市）已落实部分配套资金。截止到 2014 年 10 月份，中央资金均已落实，地方配套资金已落实 1.4 亿元，落实率为 70%。湖北、云南、陕西、宁夏和吉林 5 省区承诺地方配套资金今年能落实，只有 2 个省地方配套资金本年度无法落实。

（5）明确了单一法人管理模式。根据国家发改委的批复，部项目办是二期工程的单一法人，对全国二期工程项目的建设管理负总责，并直接负责水利部本级项目的建设和管理工作。为完成好各流域和省级地方项目的建设管理工作，部项目办将以法人委托的方式，由各流域机构和各省（自治区、直辖市）水利（水务）厅（局）代部项目办履行本级项目建设的法人职责，负责本级项目的招投标、监理、合同、资金、验收、监督检查等工作。

（6）明确了资金支付管理程序。二期项目的中央资金按照国库集中支付程序进行管理，各地项目办根据部项目办下达的年度投资计划和要求，及时编制按年分月用款计划。中央资金由项目承建单位提出付款申请，监理单位出具付款通知单，由各地项目办审核确认后报部项目办，再由部项目办报北京财政专员办办理支付。各省（自治区、直辖市）申请的本级项目地方配套资金，按当地规定支付建设经费。

2. 开展了二期工程项目建设工作

（1）组织召开座谈会。根据项目建设需要，部项目办于 2014 年 4 月 28 日和 5 月 16 日分别组织流域机构和部分省（自治区、直辖市）召开了二期工程建设管理座谈会，就 2014 年建设任务、统一招标项目建设管理工作和招投标、合同签订、中央资金支付程序进行了研究讨论，下达了流域机构和省级单位 2014 年建设任务和资金计划，并在各单位的协助下做好统一招标的项目建设。

（2）组织举办培训班。部项目办分别于 2014 年 10 月 27—28 日、2014 年 11 月 14—15 日和 2014 年 11 月 25—28 日在苏州、济南和杭州组织全国 7 个流域机构、31 个省（自治区、直辖市）和新疆生产建设兵团举办了国家防汛抗旱指挥系统二期工程建设管理和计算机网络与安全培训班。

（3）部项目办开展了 8 个项目的招标、建设工作。部项目办已组织完成了计算机网络与安全系统骨干网设备购置和集成、工程视频监控系统新建视频监控平台、数据汇集平台、骨干网信道等 4 个全国性项目，以及水利部项目监理项目、水利部防洪调度系统、天气雷达应用系统水利部硬件购置、天气雷达应用系统七个流域机构雷达数据资料购买项目等 4 个部本级项目的招评标工作，且这些项目正在实施建设。

（4）各地方开展了 7 个系统的招标、建设工作。各流域机构和各省（自治区、直辖市）已相继启动本级项目监理、水情、旱情、工情采集系统、防洪调度系统、视频监控系统、洪水预报系统等 7 个系统部分标段的招评标、建设、实施等工作。

（二）国家水资源监控能力建设

2014 年是国家水资源监控能力建设项目的攻坚之年，水资源项目办（本节内称"部项目办"）在水利部的正确领导和水资源司、财务司等相关司局的大力支持下，在水利部水文局、综合事业局、水科院、南科院等参建单位的通力配合和项目办全体同志的共同努力下，项目建设管理工作已进入收尾阶段，较好地完成了 2014 年度的各项任务。

1. 项目建设管理工作

在认真总结 2013 年建设管理工作经验、深入分析当前项目实施过程中存在问题的基础上，本年度认真梳理各项建管任务，制定了年度工作计划，重点从管理制度健全、年度建设任务复核、信息平台集成工作组织与协调、监理工作协调、建设情况调研与监督检查等方面加强项目建管工作，取得了积极进展。

（1）进一步健全管理制度。为规范项目验收管理，继《项目管理办法》和《项目档案管理办法》之后，本年度完成了《国家水资源监控能力建设项目验收实施细则》的修改完善与印发，并于 2014 年 4 月 3 日正式印发。

（2）完成年度任务分解和审核。本年度完成了 2014 年度中央项目实施方案的审查，确保各中央单位、流域单位年度项目实施方案按照总体要求统一实施；对 2015 年中央单位预算资金进行了复核工作，对中央单位及流域 2015 年运维经费的安排进行了审定，保障了中央级国控项目运维经费安排合理、有效。

（3）完成信息平台部署及集成工作。本年度项目实施完成了信息平台部署与集成这一项重点工作，部项目办主要组织完成集成支撑软件的第三方测试、中央信息平台基础环境搭建及完善，并协调开展部、流域、省三级信息平台之间的贯通联调工作。

（4）完成基础数据整理入库工作。编写了"基础数据入库协调员近期工作要求"，阐述了基础数据核查的工作目的，规定了基础数据核查的工作内容、工作流程，说明了数据核查报表应用的重点注意事项，完成了 7 大流域机构、29 个省区以及新疆生产建设兵团的基础数据复核工作。

（5）完成"1+7"项目监理工作。组织完成《2014 年度监理细则》审核和《流域项目监理工作任务书》的编写。组织监理单位编写了《国家水资源监控能力建设项目——水利部本级项目和流域项目 2014 年度监理细则》；安排专人对监理单位的日常实施工作进行跟踪，包括监理人员到位情况，监理周报、监理会议纪要等及时进行审核。

（6）完成建设情况调研与监督检查。定期和不定期组织开展了项目建设情况调研、项目进度督导检查等工作，并采用"一省一策"，建立项目各流域（省）项目办责任人、联系人制度，由专人跟踪几个流域（省）项目进展情况及存在问题，确保项目年度建设任务、项目三年建设任务的完成。

（7）综合管理系统完善与应用。本年度主要组织完成综合管理系统功能完善、组织协调督促系统应用，并依托系统开展项目实施进度定期评分工作。

2. 项目技术管理工作

本年度主要完成技术方案审批、技术标准编制等收尾工作，开展了特殊区域安全采集变更方案编制和项目培训等工作。具体工作如下：

（1）组织开展了特殊区域数据安全采集系统建设工作。编制了国家水资源监控能力建设项目特殊区域数据安全采集系统建设实施方案及其政务内网建设变更方案，明确了中央与各地项目办系统网络接入方案与组织管理模式；组织召开了国家水资源监控能力建设项目特殊区域政务内网系统建设工作会议，指导各单位开展相应政务内网建设与部署方案编制工作；组织开展了涉及特殊区域的 9 个省（自治区）终端安全模块详细信息统计工作，包括监测站点的具体位置与数量、模块数量（含备品数量）及采购时间等；组织南京质检中心编制完成《特殊区域水文水资源数据安全采集系统 RTU 检测大纲》，协调数据所和金水尚阳公司配合质检中心开展对 9 个涉密省（自治区）RTU 追加检测工作，并在部网络中心对已通过检测的 RTU 进行了联调测试。

（2）组织项目一期项目预评估和二期实施方案的编制。根据一期项目设立的建设目标、建设任务及三年技术方案，并通过收集各级项目建设内容完成信息，全面了解一期项目的实际建设情况，对一期项目建设目标进行了评价；组织了项目办、信息中心等单位的技术骨干开展二期实施方案的编制工作，重点开展了全国重点中型以上灌区渠首计量设施基本情况调查工作，组织开展了重点中型以上灌区渠首引水计量设施汇总统计工作，并对部分省区上报数据进行了核对与校准；对重点中型以上灌区渠首引水计量设施信息统计进行分析，并结合前期调研工作提出了分析报告。

（3）组织项目建设技术标准编制。截至 2014 年 12 月，已发布 21 项标准（其中 2013 年已发布 15 项，本年度发布 6 项），剩余 4 项已通过审查并将尽快下发。2014 年 3 月、7 月和 12 月进行标准修订 3 次，涉及标准共 8 项（其中有 6 项标准进行了 2 次修订，2 项标准进行了 1 次修订），每次修订过程均建立在广泛调研和听取意见的基础上，共收集反馈意见达 200 条左右，根据反馈意见每次最终的修订条目达 100 多条。

（4）组织开展技术方案审查。2014 年初组织审核批复了海委，以及四川、福建、河南、贵州、海南、陕西、湖北、上海、内蒙古、兵团、浙江和吉林等 12 个省（自治区、直辖市）的技术方案，全面完成了国家水资源监控能力建设项目各单位技术方案审批工作。

（5）举办三期建管人员培训班。2014 年度部项目办共举办了组织完成国家水资源监控能力建设项目特殊区域数据安全采集系统建设工作培训、空间数据库建设培训以及集成管理和门户开发培训共 3 期培训班，培训总人数近 300 余人，并将培训课程视频放在项目门户网站，供参建人员随时学习。通过培训，推动了各地项目建设工作。制订了项目 2015 年培训项目规划。

（6）组织实施了《流域与中央节点水质数据库建设与水质信息集成》项目。在长江流域水保局、长江委水文局、黄河流域水保局、黄委水文局、淮河流域水保局、海河流域水保局、松辽流域水保局、珠江流域水保局、太湖流域水保局等 10 个信息节点进行水质数据库建设，实现上述节点水质信息与水资源项目数据库的信息集成与共享；开展了水功能区监测评价数据上报专题研究，提出了数据上报流程方案。

（7）完成省界断面模型推算。部项目办组织长江委水文局开展了《长江流域省界断面水量监测技术能力建设技术研究》项目。根据水利部公布的长江流域省界水量监测站点名录，在省界河流的新设断面上下游 20km 左右范围内选择已有水文站，研究用已有水文站监测信息推算新设省界断面水量的方法。

3. 规范部项目办内部管理

部项目办自成立以来，认真贯彻执行管理制度，制定了《工作制度》《财务管理办法》和《会议管理办法》等共九项工作制度，并严格按照管理制度开展人员管理、会议管理、档案及公文管理等有关工作，保障了工作质量与效果。部项目办充分发挥门户网站宣传与沟通交流作用，及时更新各栏目信息，将一般公文和项目发布的标准、方案等文档放到网上提供下载，减少文档传递的中间环节，尽最大努力做到节约经费，提高工作效率。充分利用公文管理系统，开展网上公文流转、合同管理、会议室管理和个人事务管理等工作。利用档案管理系统，实现了项目材料与项目建设同步归档，纸质档案与电子档案同步归档，为项目验收及运行维护等档案利用提供原始依据。

（三）全国水土保持项目和全国水土保持信息管理系统

2014 年度，全国水土保持信息化工作发展稳健，一是编制并印发了《全国水土保持信息化实施方案（2013—2020 年）》（水保〔2014〕336 号），明确了 2014—2016 年水土保持信息化发展目标、工作重点和保障措施，极大地推进了全国的水土保持项目工作；二是在全面调研的基础上，完善《水土保持信息化工作情况汇报》材料，并多次向水利部水土保持司和相关领导进行汇报；三是配合部水土保持司，对 7 个流域机构、黄河上中游管理局、27 个省（自治区、直辖市）和新疆生产建设兵团共36 个单位进行"全国水土保持信息管理系统"应用专项检查，加快了全国的水土保持信息化进程；四是启动了水土保持监管信息化系统建设生产建设项目监管示范工作，在流域管理机构、各省（自治区、直辖市）和新疆生产建设兵团水行政主管部门，选取 1 个大中型生产建设项目集中连片、生产建设活动多、地面扰动形式多样、水土保持技术力量强、机构完善的县级行政区作为示范区域（以下简称"示范县"），开展生产建设项目水土保持监管示范；五是持续做好"全国水土保持信息管理系统"运行维护，完成了《国家水土保持重点工程项目管理信息系统》的开发，形成坡耕地水土流失综合治理工程、国家水土保持重点建设工程和国家农业综合开发水土保持项目 3 个专题模块，并分两期对515 个项目县的 600 余名专业技术骨干进行了培训，目前，3 类重点工程 2013 年度项目信息已全部进入项目信息库，为项目信息化管理奠定了坚实基础，大大推进了水土保持生态建设的信息化水平；六是开展系统安全检查与维护，包括数据库安全检查、系统安全检测和相关硬件扩充。

通过全国水土保持监测网络和信息系统建设一期、二期工程的实施，全面完成了全国水土保持监测网络建设，初步形成了覆盖我国主要水土流失类型区、监测点布局合理、功能较为完备的水土保持监测网络体系，为国家水土保持生态建设宏观决策提供了有力支撑。

（四）农村水利信息化

"全国农村水利管理信息系统"是水利信息化八大重点工程之一，2014 年度农村水利信息化的主要工作如下。

1. 升级完善全国农村水利管理信息系统功能

新增"管理与改革模块"，内容包括基层水利服务机构信息、农民用水合作组织信息和灌溉试验站信息。2014 年年初通过对用户的需求调研，明确基层水利服务机构、灌溉试验站和农民用水合作组织信息管理模块填报信息以及填报与审核流程。按照需求调研结果对各个模块的功能应用进行设计开发，并对模块性能进行了优化，经测试，各个模块的所有功能运行正常，质量达到预期目标，2014年 9 月份通过中心组织的专家组验收。

2. 总结经验，优化集成县级高效节水灌溉管理信息化平台

在总结黑龙江省克山县、林甸县和安达市高效节水灌溉信息化示范区建设基础上，细分管理需求，优化系统设计，形成较为可行的高效节水灌溉信息化管理平台模板。平台充分应用 GPS、GIS 等技术实现高效节水灌溉工程上图、属性入库、精确定位，实现直观动态管理；采用物联网实时监测技术，实现土壤墒情、农业气象、水源信息、作物长势、设备运行等数据实时采集、动态监测。工程采用变频调控，自动反冲洗过滤，水肥耦合，管网压力监测，阀门测控等自动化技术，实现玉米膜下滴

灌和中心支轴式喷灌精准灌溉、精确施肥、高效利用。结合土壤墒情、气象信息、作物需水量等数据实现灌溉预报信息发布。逐步探索实践农业灌溉智能化。

3. 积极推动节水增粮行动示范县建设工作

节水增粮行动确定的辽宁喀左和黑山县、黑龙江省富裕和肇州县、吉林省通榆和乾安县、内蒙古自治区科左中旗和赤峰市松山区为 8 个信息化示范县，已于 2014 年全面进入工程建设阶段，并于 2014 年 10 月底完工。

4. 完成设备材料质量监督抽查工作

根据东北四省区节水增粮行动项目安排、工程布局和产品特点，组织行业内专家讨论确定监督抽查的目的和目标、抽查方案设计原则、抽样依据、检验项目和判定原则等，完成监督抽查实施方案编制工作。

5. 安全保障中心信息化运行管理工作

配合计财处对报销功能、流程进行及时的调整和完善，做好聘用专家入库工作和中心办公自动化系统的维护和应用工作；通过加强日常巡检，建立突发事件应急处理机制等，保障中心网络和计算机的安全稳定运行；根据基地信息化建设需要，购置 3 台交换机、13 台高清摄像头，完成节水示范基地部分信息化设备购置工作；完成了 4 号楼会议室大屏更换工作；按照水利部"办综〔2014〕44 号"文要求，将农村水利网站迁移至水利安全保障体系内的网站内容管理发布平台，完成农村水利网站迁移工作；按照水利部要求，完成多项网络、系统安全检查工作，对网站及系统漏洞进行修补，对所有服务器进行系统加固，加强网络管理及系统安全防护；完成中心政务内网、外网联通工作，协助办公室运转公文收发系统，协助计财处运转固定资产管理信息系统。

（五）全国水库移民后期扶持管理信息系统

2014 年度全国水库移民信息系统及省级分中心建设稳步开展，扎实推进，初步实现了中央与省级移民管理机构水库移民后期扶持信息的互联互通，主要工作如下。

1. 全国水库移民信息系统全面建成

2014 年进一步完善了全国水库移民信息系统的统计报表子系统相关功能，解决了子系统在使用中出现的问题，并于 2014 年 8 月进行了项目验收，自此移民统计在线填报全面展开。

2. 初步建立国家与省级之间数据的互联互通

2014 年开发了水库移民后期扶持管理信息系统应用系统改造和数据交换子系统，6 月进行了项目招标，实现了国家和省两级移民信息系统中心实时或定时双向的数据采集、转换、汇集。应用系统改造工程主要完成了地理信息系统、登录模式、报表软件、框架软件、图表工具、导出导入功能等 9 个方面的改造，以满足有需要的省份建设分中心部署使用。数据交换子系统开发包括数据交换子系统客户端、数据传输子系统及数据交换子系统服务端的开发，数据通过传输子系统同步到国家，并监听由国家下发的数据，并把数据同步传送到省级移民数据库中，实现各省级移民数据与国家移民数据交换的可靠传输。

（六）水利财务管理信息系统建设

根据部长专题办公会精神，于 2014 年 4 月 23 日组建了水利财务管理信息系统建设领导小组，领导小组下设项目组，在项目组中设立日常工作组，负责项目建设管理日常工作。2014 年 6 月底前完成了应用支撑平台建设与系统集成、应用开发、门户建设、标准规范编制、第三方测试等系统建设主要工作任务承建单位选择，2014 年 7 月 10 日，财务司、水利信息中心组织召开了项目建设动员会。会后，各承建单位根据合同要求开展项目实施工作。

2014 年度的主要工作如下。

1. 应用支撑平台建设及系统集成方面

编制了《水利财务管理信息系统应用支撑平台需求分析报告》《水利财务管理信息系统应用集成设计方案》和《水利财务管理信息系统应用支撑平台软件设计报告》并通过专家评审。完成了软件开发、测试工作，正在开展系统集成部署。

2. 门户建设方面

编制《水利财务管理信息系统门户需求分析报告》和《水利财务管理信息系统门户软件设计报告》并通过专家评审，并以界面原型为基础，开发了门户框架，开展门户完善、集成及联调工作。

3. 应用软件开发方面

完成了对水利财务业务流程梳理，实现了水利财务业务流程一体化，编写了《水利财务管理信息系统应用软件开发需求分析报告》和《水利财务管理信息系统应用软件开发设计报告》并通过专家评审。

4. 数据库设计方面

在充分研究《水利财务管理信息系统总体设计报告》基础上，结合应用支撑平台、应用软件及门户开发的要求，完成数据库设计工作。

5. 标准规范方面

编制完成《水利财务管理信息系统会计科目标准体系》《水利财务管理信息系统预算项目代码规范》《水利财务管理信息系统统一用户管理规范》《水利财务管理系统数据交换规范》、《水利财务管理信息系统应用支撑平台接口规范》和《水利财务管理信息系统接口与门户集成规范》并通过评审。

（七）全国水利信息化安全工作

2014 年，由国家安监总局牵头，水利部等七个相关部委参与，启动了国家层面的"全国水利信息化安全工作"，保障了信息化过程的信息安全，推动了信息化的发展进程。

1. 完成政务内网分级保护复测

2014 年年初，顺利完成政务内网分级保护复测，并获得国家保密局许可证。

2. 开展水利网络与信息安全检查

根据中央网信办要求，水利部于 2014 年 7 月 1 日至 9 月 30 日在部机关及直属单位开展了业务网安全检查工作，成立了安全检查工作组，水利部信息中心具体负责实施。信息中心编制下发工作方案，召开水利部网络与信息安全工作座谈会，并进行相应工作部署和动员。2014 年 9 月 2—26 日，共安排 40 人次，完成了对长江委机关、淮委机关、海委机关、太湖局机关、小浪底水利枢纽管理中心、珠委广西右江水利开发有限责任公司、松辽委嫩江尼尔基水利水电有限责任公司、小浪底水利枢纽管理中心等单位的现场抽查工作，并现场向各单位分管领导反馈了抽查情况。

3. 做好微软停止 Windows XP 安全服务应对工作

2014 年度，组织开展微软停止 Windows XP 安全服务应对工作，及时获取 XP 最新补丁，推送和下发补丁，部署 XP 盾甲，增强继续使用 XP 系统的终端安全防护能力。

4. 推进水利部重要信息系统安全建设整改

2014 年度，积极开展重要信息系统等级保护改造工作，进一步夯实网络与信息安全基础，为信息化发展保驾护航，编制并印发《流域机构信息系统安全等级保护建设项目实施意见》。

5. 完善水利部网络与信息安全工作领导小组办公室日常工作

（1）积极申报国家重要信息系统和等保定级。开展国家重要信息系统申请，经审核和征求意见，水利部 8 家单位的 10 个重要信息系统列入国家重要信息系统。完成淮委信息系统安全等级保护定级报告、水利安全生产监管信息系统安全等级保护定级报告、国家水资源管理系统安全等级保护定级报告等报告审批。

（2）建立完善水利网络与信息安全信息通报机制。建立网络与信息安全信息通报机制，在水利部信息安全工作平台及时发布安全漏洞、风险等相关信息，2015 年将通报 9 个单位共 11 个网站漏洞和遭受攻击的情况。

（3）做好"两会"、APEC 期间网络与信息安全信息通报工作。按相关要求，在"两会"、APEC 期间，密切关注水利部网站及网络信息安全状况，实施"零事件"每天报告制度，并安排专人负责每天的安全信息汇总分析和上报。

九、水利部年度信息化推进工作

（一）行业管理

（1）组织开展《水利信息化资源整合与共享顶层设计》，并协调完成设计报告的修改完善及汇报材料的制作等工作。

（2）组织开展水利信息化专题调研并编写了相应的调研报告。

（3）组织完成《大连市智慧水务专项规划》咨询工作。根据水利部要求，组织召开了大连市智慧水务专项规划咨询会，水利部规划计划司常务副司长汪安南出席会议并讲话。水利部规划计划司、北京大学智慧城市研究中心、中国测绘科学研究院地图学与地理信息系统研究所、北京市信息化专家咨询委员会、水利部水利信息中心、水利部水利水电规划设计总院、中国水利水电科学研究院、辽宁省水利厅信息中心、浙江省水利厅信息中心和大连市水务局等单位的专家和代表参加会议。

（4）参加部预算执行中心组织的水利信息系统运行维护2015年新增项目的审查，参加水规总院组织的新闻宣传中心、黄委等2015年小基建项目的审查。

（5）组织完成科技推广中心"水利重大科技成果推广信息系统"项目、灌排中心"全国农村水利管理综合数据库建设"项目、水科院"水利枢纽自动化控制系统仿真中心设备购置"项目、水利报社"新办公楼新闻采编信息系统建设、办公自动化系统、水利部音像宣教系统"等项目的竣工验收。

（6）组织完成卫计委、住建部等兄弟部委及辽宁、甘肃、江西、江苏等省信息中心到水利部的信息化工作调研；组织办公厅、信息中心相关人员到国家统计局数据管理中心调研学习电子政务系统建设应用情况；参加了2014年珠江流域水利信息化工作交流会；参加了云南省水利信息化专委会成立大会；参加了广东省、湖北省数据中心验收及鉴定工作。

（二）规划和前期工作

（1）组织完成《水利部信息化建设规划（2015—2020年）》（征求意见稿）编制工作。在完成初稿的基础上，发流域机构征询意见，根据规划计划司要求向在京直属单位征集2015—2020年的水利信息化基建项目，在征求意见和征集项目的基础上对规划进行了修改完善，形成了征求意见稿。

（2）组织召开了全国水利信息化发展"十三五"规划思路研讨会，并编制完成《全国水利信息化发展"十三五"规划思路报告》报部规划计划司；组织编写了《全国水利信息化发展"十三五"规划编制工作大纲》，并通过水规总院组织的审查；组织开展《全国水利信息化发展"十三五"规划》编制有关准备工作。

（3）协助开展《"十三五"国家政务信息化工程建设规划》。

（4）组织完成2015年"水利部综合办公系统和水利信访系统"项目申报书的修改完善，并通过预算执行中心组织的初步评审；经评审，同意立项"水利信访系统升级改造"项目，并组织完成项目实施方案编写和申报；组织完成"水利档案管理系统升级改造"项目申报书的编写，并申报2016年财政预算储备项目。

（5）根据国家电子政务内网建设有关要求，组织开展"水利部电子政务内网与国家电子政务内网对接"项目建设方案编制，召开了七个流域机构参加的座谈会，并在方案通过咨询、论证后报国家电子政务内网建设和管理协调小组办公室。

（6）与环保部沟通生态环境保护信息化工程进展；根据环保部的统一要求，协调开展水利业务框架、共享信息的梳理和需求分析报告、项目建议书分册的编写。

（三）标准规范工作

（1）参加水利技术标准体系表修订工作，并协调完成新体系表中水利信息化相关技术标准的梳理和修订工作；协调完成新体系表新增 11 项信息化相关标准立项建议书的编制及上报工作；协调完成未纳入 2014 新体系表的 29 项删除标准处理意见的回复。

（2）梳理在编标准（共 6 项），并督促编制进度；协调完成三项严重滞后标准《水利信息系统运行维护规程》《水利空间信息数据字典》《水利要素图式与表达规范》承诺书的签署及报送；协调完成《水利信息分类》报批稿的修订及报批等工作；协调完成《历史大洪水数据库表结构与标识符》标准的审查及报批工作；组织完成《水利信息系统运行维护规范》标准的审查；督促《水利要素图式与表达规范》《水利空间信息数据字典》编制进度。

（3）组织完成《水利信息系统项目建设管理总则》申报书的编写，并报 2016 年标准制修订计划。

（4）协调完成《水利建设市场信用数据库表结构及标识符》《水利工程建设与管理数据库表结构及标识符》和《中国水库代码》等标准征求意见的反馈和会签意见的反馈。

（5）组织完成水利学会标准化专家委员会委员的推荐工作。

（6）参加了天津市水务局多项水利信息化标准的审查工作。

（四）宣传交流工作

（1）组织开展《2013 年度中国水利信息化发展报告》的报表调查工作，完成了《2013 年度中国水利信息化发展报告》的编制出版发行工作。

（2）协调完成 3 期《水利信息化工作简报》的编撰发行工作。

（3）组织开展水利信息化宣传通讯员报送工作，目前正式上报 18 家，并协助开展水利信息化网站改版工作。

（4）指导完成《水利信息化》杂志正常出版，及时通报全国水利信息化工作的进展和取得的成果。

（5）完成《中国水利发展报告》中水利信息化发展部分的编写工作；完成向工信部提供《水利电子政务专项报告》的编写工作；向《水利年鉴》提供水利信息化建设发展情况素材；向有关部委提供水利信息化建设发展素材，包括"金水工程"建设进展等内容。

（五）项目实施工作

（1）"水利政务内网园区网扩展改造及应用系统完善"项目建设。组织完成电子政务文档协同系统、网上审批和监察系统三个流域个性化定制开发、内网扩展集成三个单项合同的验收，基本实现部机关和七个流域机构的联网监察；组织完成密级标识系统需求梳理和方案评审；组织完成综合办公系统升级开发和测试工作，并于 2014 年 3 月 21 日正式上线试运行，截至目前共解决各类问题 314 个，目前系统运行平稳，基本满足各业务司局办公需要；组织开展公文交换系统扩展应用，正在 32 个省级水行政主管部门进行试用，计划 2015 年 8 月完成该项目验收工作；组织开展公用平台升级改造开发和测试工作，近期安排部署，计划 2015 年 7 月完成该单项验收工作。

（2）组织完成国际合作与科技业务管理信息系统升级改造项目任务委托、合同签署、需求调研与确认。组织完成中国水利国际合作与科技网网站改版项目的网上竞价、合同签署，需求调研与确认，且网站已部署上线试运行。

（3）组织到灌排中心、建安中心、综合事业局、宣传中心调研普通密码设备保管条件；组织完成《水利部水利政务内网及流域园区网加密系统普通密码设备配置方案》编制，根据保密办意见修改后正式报国家密码管理局，并通过国家密码管理局的方案评审。

（4）参加了长江委、海委水利信息化顶层设计的审查。

附录1 截至 2014 年年末已颁布的水利行业信息化技术标准

序　号	标　准　名　称	状态	标准编号
1	水利政务信息编制规则与代码	颁布	SL 200—2013
2	水利工程代码编制规范	颁布	SL 213—2012
3	中国湖泊名称代码	颁布	SL 261—98
4	中国水库名称代码	颁布	SL 259—2000
5	中国水闸名称代码	颁布	SL 262—2000
6	中国蓄滞洪区名称代码	颁布	SL 263—2000
7	水文自动测报系统技术规范	颁布	SL 61—2003
8	水利系统通信业务导则	颁布	SL 292—2004
9	水利系统无线电技术管理规范	颁布	SL 305—2004
10	水利系统通信运行规程	颁布	SL 306—2004
11	水利信息网命名及 IP 地址分配规定	颁布	SL 307—2004
12	实时水雨情数据库表结构与标识符标准	颁布	SL 323—2011
13	基础水文数据库表结构及标识符标准	颁布	SL 324—2005
14	水质数据库表结构与标识符规定	颁布	SL 325—2014
15	水情信息编码标准	颁布	SL 330—2011
16	地下水监测规范（含地下水数据库表结构与标识符）	颁布	SL 183—2005
17	水利信息系统可行性研究报告编制规定（试行）	颁布	SL/Z 331—2005
18	水利信息系统初步设计报告编制规定（试行）	颁布	SL/Z 332—2005
19	水土保持信息管理技术规程	颁布	SL 341—2006
20	水土保持监测设施通用技术条件	颁布	SL 342—2006
21	水利信息系统项目建议书编制规定	颁布	SL 346—2006
22	水资源实时监控系统建设技术导则	颁布	SL/Z 349—2006
23	水利基础数字地图产品模式	颁布	SL/Z 351—2006
24	水利信息化常用术语	颁布	SL/Z 376—2007
25	水资源监控管理数据库表结构及标识符标准	颁布	SL 380—2007
26	水文数据 GIS 分类编码标准	颁布	SL 385—2007
27	实时水情交换协议	颁布	SL/Z 388—2007
28	全国水利通信网自动电话编号	颁布	SL 417—2007
29	水利地理空间信息元数据标准	颁布	SL 420—2007
30	水资源监控设备基本技术条件	颁布	SL 426—2008
31	水资源监控管理系统数据传输规约	颁布	SL 427—2008
32	水利信息网建设指南	颁布	SL 434—2008
33	水利系统通信工程验收规程	颁布	SL 439—2009
34	水利信息网运行管理规程	颁布	SL 444—2009
35	水土保持监测站编码	颁布	SL 452—2009
36	人才管理数据库表结构及标识符	颁布	SL 453—2009

序　号	标　准　名　称	状态	标准编号
37	水资源管理信息代码编制规定	颁布	SL 457—2009
38	水利科技信息数据库表结构及标识符	颁布	SL 458—2009
39	水利信息核心元数据标准	颁布	SL 473—2010
40	水利信息公用数据元标准	颁布	SL 475—2010
41	水利信息数据库表结构与标识符编制规范	颁布	SL 478—2010
42	水文测站代码编制导则	颁布	SL 502—2010
43	水土保持数据库表结构及标识符	颁布	SL 513—2011
44	水利信息处理平台技术要求	颁布	SL 538—2011
45	中国河流代码	颁布	SL 249—2012
46	泵站计算机监控与信息系统技术导则	颁布	SL 538—2012
47	地下水数据库表结构及标识符	颁布	SL 586—2012
48	水利数据中心管理规程	颁布	SL 604—2012
49	大中型水利水电工程移民数据库表结构及标识符	颁布	SL 603—2013
50	水利信息化系统验收规范	颁布	SL 588—2013
51	水利信息化业务流程设计方法通用指南	颁布	SL/Z 589—2013
52	水利视频监视系统技术规范	颁布	SL 515—2013
53	旱情信息分类	颁布	SL 546—2013
54	水利应急通信系统建设指南	颁布	SL 624—2013
55	水利规划计划项目代码编制规定	颁布	SL 500—2013
56	水利文献数据库表结构与标识符	颁布	SL 607—2013
57	水利文档分类	颁布	SL 608—2013
58	水土保持元数据标准	颁布	SL 628—2013
59	小流域划分及编码规范	颁布	SL 653—2013
60	水文监测数据通信规约	颁布	SL 651—2014
61	土壤墒情数据库表结构及标识符	颁布	SL 437—2014
62	水利建设市场主体信用信息数据库表结构及标识符	颁布	SL 691—2014
63	历史大洪水数据库表结构及标识符	颁布	SL 591—2014
64	水利信息分类	颁布	SL 701—2014

附录 2 2014 年颁布的水利信息化技术标准

单位名称	标 准 名 称	实施范围	发布时间	标准编号
水利部机关	水文监测数据通信规约	全国水利行业	2014 年 1 月	SL 651—2014
	土壤墒情数据库表结构及标识符	全国水利行业	2014 年 5 月	SL 437—2014
	水利建设市场信用数据库表结构及标识符	全国水利行业	2014 年 7 月	SL 691—2014
	历史大洪水数据库表结构与标识符	全国水利行业	2014 年 7 月	SL 591—2014
	水利信息分类	全国水利行业	2014 年 11 月	SL 701—2014
天津市水务局	天津市水务视频监视系统技术规定	天津水务行业	2014 年 12 月	
	天津市水务信息网络建设规定	天津水务行业	2014 年 12 月	
河北省水利厅	河北省水利信息监测数据通信规约	全省	2014 年 8 月	
安徽省水利厅	校园网上网行为管理规定	安徽水利水电职业技术学院	2014 年 6 月	
福建省水利厅	大屏幕电子显示屏信息发布暂行管理规定	福建省水利信息中心	2014 年 11 月	
山东省水利厅	山东省市、县水利信息化系统技术要求	省水利行业	2014 年 5 月	
	山东水利地理信息平台管理规定及流程	省水利行业	2014 年 9 月	

附录3 2014年度全国水利通信与信息化十件大事

1. 水利信息化资源整合与共享取得新进展

《水利信息化资源整合共享顶层设计》通过部长办公会议审议；基于水利普查空间数据成果，开发完成"水利一张图"，并提供应用服务；长江委资源整合共享试点项目积极推进；甘肃水利信息共享互用平台启动上线，实现各类水利信息互联互通、资源共享和业务协同；江苏制定《水利信息资源整合共享工作方案》。

2. 水利网络与信息安全工作不断强化

组织完成部机关各司局及部直属各单位安全自查工作，完成对7个流域机构现场抽查，反馈发现的问题，督促限期整改；国家防汛抗旱指挥系统等10个系统列入国家重要信息系统；加强水利党政机关网站安全管理，完成网站"挂标"工作；部机关政务内网通过国家保密局复审，各流域机构政务内网获得涉秘信息系统许可证。

3. 水利信息化规划和前期工作扎实推进

启动水利信息化发展"十三五"规划编制工作；完成《水利部信息化建设规划（2015—2020年）》编制；水利安全生产监管信息系统项目建议书通过国家发改委审批，生态环境保护信息化工程、国家自然资源与基础地理信息库建设项目（二期）的前期工作有序开展；印发《全国水土保持信息化实施方案（2013—2020年）》；海委实施《水利信息化顶层设计》，《上海市水务海洋信息化规划（2014—2025年）》通过专家评审，广东省水利厅出台《水利信息化建设设计导则》，山东"十二五"期间"金水工程"规划省级总投资2.3亿元。

4. 重点工程建设取得积极进展

国家防汛抗旱指挥系统二期工程全面推进，取得阶段成效；国家水资源监控能力建设项目的部本级和流域机构主体工程基本完成，省级任务完成65%；全国农村饮水安全管理信息系统实现工程规划、建设、运行管理及整体实施进展全过程信息化管理；水利财务管理系统建设顺利推进；水利安全生产信息上报系统建成。

5. 水利行业网站连获殊荣

水利部网站在2014年中国政府网站绩效评估中位居部委网站第4名，荣获"政府透明度领先奖""农村饮水安全"和"水情预警信息发布"专栏被评为信息公开精品栏目，"在线访谈"被评为政民互动精品栏目；江苏省水利厅网站获优秀政府网站奖；上海市水务局获市政府网站测评优秀奖；山东省水利厅、江西省水利厅网站建设管理工作取得新成绩。

6. 水利部软件正版化工作积极推进

部信息办组织完成水利部机关软件正版化自查和整改工作，完善了制度，健全了机制，将软件正版化工作纳入机关日常工作管理，通过国家推进使用正版软件工作部际联席会议办公室的专项检查，并获得好评。

7. 鲁甸抗震救灾应急通信保障任务圆满完成

云南鲁甸发生地震后，部水利信息中心紧急组织长江委、海委单位组成应急通信保障组，克服重重困难赶赴红石岩堰塞湖现场，成功将堰塞湖现场视频图像传送至前线指挥部和国家防总防汛会商室，为抗震救灾胜利作出重要贡献。

8. 云计算技术应用取得积极成果

成功搭建水利部基础设施云平台，有力支持了多项目快速部署和应用，实现资源弹性化、管理自动化、服务标准化的水利云目标；上海市"水之云"平台基于"整合、融合和智慧"，构建大枢纽，形成大数据，提供大服务，实现了各类资源和服务的全局共享。

9. 卫星遥感技术应用再立新功

高分重大专项（民用部分）水利高分遥感业务应用示范系统建成了高分一号卫星、环境减灾卫星数据接收处理平台，在地表水体分布、防汛抗旱会商以及河南旱情、云南鲁甸红石岩堰塞湖应急监测中成功应用。湖北省湖泊卫星遥感监测系统实现对全省 755 个湖泊和 22 个重点湖泊的岸线、保护区、控制区及湖体内物体进行监测和分析，并实现了对执法过程的远程记录和监督。

10. "基于大数据的水利数据中心建设关键技术研究"获大禹水利科学技术奖一等奖

广东省水利系统首次获得该奖项一等奖，该项目以厅党组提出的"内容高质全面，工作顺利高效，成果先进实用"为指导，取得的研究成果及建成的省水利数据中心实现了全省水利数据资源整合与共享"六统一"。

附录4 2014年全国水利信息化发展现状

（一）2014年省级以上水利部门颁布的信息化管理制度清单

单位名称	信息化管理制度及相关文件名称	适用范围	颁布时间
水利部机关	水利信息网身份认证系统和数字身份证书管理办法（办水文〔2014〕98号）	水利行业	2014年5月
长江水利委员会	长江水利委员会信息化工作管理办法	长江委全部单位	2014年12月
黄河水利委员会	黄委信息化建设项目质量监督管理规定（试行）（总办〔2014〕1号）	黄委全部单位	2014年4月
	黄委信息系统建设项目后评估管理办法（总办〔2014〕14号）	黄委全部单位	2014年9月
海河水利委员会	海委机关政务外网信息系统运行管理办法	海委机关及直属企事业单位	2014年4月
	海委机关终端管理办法	海委机关及直属企事业单位	2014年5月
	海委数据中心值班管理办法	海委机关及直属企事业单位	2014年5月
	海委引滦水利信息化建设项目管理办法	海委引滦局	2014年11月
	引滦局计算机网络管理办法	海委引滦局	2014年11月
	引滦局通信管理办法	海委引滦局	2014年11月
珠江水利委员会	珠江委水利数据共享使用管理办法（试行）（水规计〔2014〕30号）	珠江委全部单位	2014年3月
太湖流域管理局	太湖局数据管理办法（太管办发〔2014〕18号）	太湖局全部单位	2014年7月
流域小计/项	11		
天津市水务局	天津市水务信息化建设和运行管理办法	全市水务行业	2014年12月
辽宁省水利厅	辽宁省山洪灾害防治经费使用管理办法实施细则	全省水利行业	2014年3月
安徽省水利厅	院门户网站及局域网管理办法	安徽省水利水电职业技术学院	2014年5月
	院计算机设备及耗材管理规定	安徽省水利水电职业技术学院	2014年5月
	院涉密设备管理制度	安徽省水利水电职业技术学院	2014年5月
	省水利科学研究院网络使用管理办法	安徽省水利科学研究院	2014年12月
	梅山水库管理处计算机信息网络管理（暂行）办法	省梅山水库管理处	2014年2月
	梅山水库管理处网站管理办法	省梅山水库管理处	2014年9月
	龙河口水库管理处水利政务信息报送管理办法	省龙河口水库管理处	2014年11月
	安徽省水利信息化建设和管理工作手册	全省水利行业	2014年2月
福建省水利厅	厅局域网用户规范管理的"十不准"	福建省水利信息中心	2014年6月
	大屏幕电子显示屏信息发布暂行管理规定	福建省水利信息中心	2014年11月
湖南省水利厅	湖南省水利信息化管理办法（湘水办〔2014〕10号）	全省水利系统	2014年1月
	湖南省水利厅门户网站管理规定（湘水办〔2014〕25号）	全省水利系统	2014年2月
	湖南省水利视频会议系统管理规定（湘水办〔2014〕27号）	全省水利系统	2014年3月
广东省水利厅	广东省水利厅综合办公业务系统用户管理暂行规定	广东省水利厅机关及直属单位系统	2014年1月
	广东省水利信息化建设设计导则	全省水利系统	2014年12月

续表

单位名称	信息化管理制度及相关文件名称	适用范围	颁布时间
四川省水利厅	档案信息化管理	全省	
	软件信息化管理	全省	
	图书信息化管理	全省	
	攀枝花市水务局计算机网络系统运行管理（暂行）办法	本部门	2001 年，2014 年修订
	宜宾市水务局关于进一步加强网络舆情管理工作办法	内部	2014 年 5 月
	雅安市信息化防汛平台值班管理制度	雅安市各级防汛部门	2014 年 4 月
	资阳市水务局信息化管理制度	资阳市水务局机关	2014 年 6 月
甘肃省水利厅	出台甘肃省水利业务（信息）网命名及 IP 地址分配规定	全省水利行业	2014 年 4 月
	甘肃省水利厅门户网站管理办法	全省水利行业	2014 年 3 月
新疆维吾尔自治区水利厅	新疆水利异地会商视频会议系统管理办法	全区	2014 年 3 月
地方小计/项	27		
全国合计/项	39		

（二）2014 年度编制的信息化项目前期文档

单位名称	前 期 文 档 名 称
水利部机关	水利数据共享基础代码编制处理
	水利遥感影像数据处理与服务
长江水利委员会	长江委重要信息系统安全等级保护建设可行性研究报告
	长江委重要信息系统安全等级保护建设初步设计报告
	长江流域水利综合管理信息资源整合与共享项目可行性研究报告
	长江流域水利综合管理信息资源整合与共享项目初步设计报告
	长江委信息化顶层设计
	长江流域片流域管理水利综合监测站网规划
黄河水利委员会	"数字黄河"工程规划修编
	洛阳、三门峡通信管理处 配套设施改建工程可行性研究报告（代项目建议书）
	黄河通信工程建设项目建议书
	黄委异地视频会议系统扩建项目建议书（代可行性研究报告）
	洛阳、三门峡通信管理处配套设施改建工程项目建议书
	黄河水利委员会黄河水政监察基础设施建设项目初步设计报告（一期）
	黄委重要信息化基础设施运维监控系统建设项目建议书
	黄河防汛电话交换网中心局更新改建项目建议书
	黄委异地视频会议系统扩建项目建议书
	黄河水利委员会黄河上中游水政监察基础设施建设项目（一期）——卫星遥感遥测监控工程初步设计报告
	黄委电子政务系统建设（二期）项目建议书
	黄河下游沿河光纤环网建设项目建议书
	黄河水信息基础平台项目建议书
	黄河防汛电话交换网更新改建项目建议书

续表

单 位 名 称	前 期 文 档 名 称
淮河水利委员会	淮河流域水文信息基础平台可行性研究报告
珠江水利委员会	珠江委水利信息化建设项目规划（2015—2020 年）
	珠江委电子政务系统二期工程项目建议书
	国家水信息基础平台（珠江委）项目建议书
	珠江委综合办公平台建设方案
	珠江水利网站安全漏洞整改方案
	国家电子政务内网珠江委系统建设方案
	珠江委重要信息系统安全等级保护初步设计报告
	珠江防汛抗旱防台风会商系统建设项目初设报告
	珠江委中心机房搬迁方案
松辽水利委员会	松辽委水利普查成果查询及服务系统可研报告
	松辽委网络系统改造可研报告
	松辽委电子政务内网及应用系统建设方案
太湖流域管理局	太湖流域水利数据中心一期可行性研究报告
	太湖局电子政务内网与国家电子政务内网对接建设方案
	太湖流域水资源监控与保护预警系统可行性研究报告
流域小计/项	36
天津市水务局	防汛调度系统升级改造及点位扩容项目方案
	防汛调度智能决策系统建设项目方案
	防汛指挥中心大屏幕显示及扩声系统改造升级项目方案
	天津市区排水泵站抢险检修中心
	天津水科院综合办公系统及网站更新设计报告
	天津市防汛 400M 数字无线应急通讯系统项目建议书
	天津市蓄滞洪区防汛应急语音预警反馈系统实施方案
河北省水利厅	河北省地下水超采综合治理动态监控管理系统方案
山西省水利厅	山西省大水网远程监控与调度系统可行性研究报告
	山西省 2014 年度水库水质水位、地下水位监测计划安排与实施方案
	山西省水利厅电子政务实施方案
	山西省水利厅关于智能水务建设情况的报告
	山西省水利厅关于促进信息消费政措落实情况总结
	山西省水利厅关于网络信息安全培训、水利信息化培训及开展网络保密管理专项检查
	山西省水利厅关于智慧城市建设意见
内蒙古自治区水利厅	内蒙古自治区水利信息化规划
	内蒙古防汛抗旱指挥系统二期工程初步设计修改报告
	国家水资源监控能力建设内蒙古自治区 2013 年实施方案
	国家水资源监控能力建设内蒙古自治区 2014 年实施方案
	内蒙古 2013 年山洪灾害防治项目实施方案
	内蒙古 2013 年山洪灾害防治项目实施方案
	内蒙古自治区洪水风险图编制 2013 年实施方案

单位名称	前 期 文 档 名 称
辽宁省水利厅	小（1）型水库水情信息报汛处理系统
	大连市河库管理局水库报汛系统平台建设
	全国水库移民管理信息系统辽宁省级分中心建设项目初步设计报告
	辽宁省 2014 年度山洪灾害防治项目实施方案
	辽宁省洪水风险图编制项目 2014 年度实施方案
	柴河水库固定资产管理系统数据库
	汤河水库管理局信息平台
上海市水务局	上海市水务海洋信息化规划（2015—2025 年）
	"数字海洋"上海示范区项目可研报告
	上海市海域动态监视监测管理系统项目可研报告
江苏省水利厅	江苏省水利工程与河湖资源管理系统可行性研究报告
浙江省水利厅	国家防汛抗旱指挥系统二期工程 浙江省计算机网络与安全系统初步设计报告
	国家防汛抗旱指挥系统二期工程（浙江省）建设方案
	浙江省水利工程质量安全监管信息化建设项目方案
安徽省水利厅	省财政支持省属高等职业院校发展项目
	安徽省潖史杭灌区信息化系统实施方案
	安徽省茨淮新河工程管理局水利政务信息报送管理
	临淮岗工程水闸监控系统升级改造
	安徽省响洪甸水库水利信息化发展规划
福建省水利厅	福建省山洪灾害防治项目实施方案（2013—2015 年）
	福建水利信息网站改版升级项目实施方案
	福建省水资源管理系统网络平台设计
山东省水利厅	"十二五"各地市水利信息化发展现状调研
湖南省水利厅	湖南省灌区信息化省级平台建设项目实施方案
广东省水利厅	惠州市"智慧水务"综合管理系统（第一期）
	广州市水务局机房改造项目
	东莞市水资源管理系统项目建议书
	广东省 2013 年度山洪灾害防治项目实施方案
	广东省水资源监控能力建设项目可行性研究报告
	广东省 2014 年度山洪灾害防治项目实施方案
	西江干流与珠江三角洲网河区河道管理监控系统工程项目建议书
	韩江流域水资源管理地理信息平台补充采购项目
重庆市水利局	国家水资源监控能力建设项目 2014 年度实施方案编制
	重庆市水资源管理监控能力建设项目三期工程实施方案
	重庆市水利视频监测体系规划
	重庆市水利视频监测体系一期工程实施方案
	重庆市水库综合信息系统一期工程实施方案
	重庆市水土流失监测网络系统实施方案
	重庆市水利地理信息综合应用服务平台实施方案
	重庆市水利业务流程管理信息系统实施方案
	野外水利信息化设备电子监管系统实施方案
	重庆市防汛管理信息化建设项目实施方案

续表

单 位 名 称	前 期 文 档 名 称
四川省水利厅	关于开展信息化系统建设前期工作的请示（东处发〔2014〕99 号）
	东风渠管理处水利信息化系统建设任务书
	四川省"4·20"芦山地震 玉溪河灌区灾后重建工程信息化基础设施
	都江堰渠首外江闸群自动控制系统扩容工程实施方案
	攀枝花市水务局门户网站建设
	2013 年度山洪灾害防御市级平台
	四川省水利干部学校学校网站升级前期筹备调查
云南省水利厅	云南水利信息化 2015—2016 年建设任务规划全省水利信息化整体推进规划编制大纲
	关于加快云南水利信息化的指导意见
	云南省水利厅信息安全等级测评方案
	厅机关网络改造方案
	厅机关机房改造方案
陕西省水利厅	陕西水利信息化建管运维机制调研
	宝鸡峡灌区 2014—2020 年信息化规划
	泾惠渠灌区 2014—2020 年信息化规划
	东雷一期抽黄 2014—2020 年信息化规划
	基于北斗的渭河水资源监测应用示范实施方案
甘肃省水利厅	编制完成甘肃水利普查成果查询与服务系统实施方案
	编制完成引洮供水一期工程运行管理信息化系统专题设计报告
	编制完成甘肃省水利水电工程移民管理信息管理平台建设方案
	编制完成嘉峪关市水资源信息化系统一期工程实施方案
	编制完成嘉峪关市水利信息综合管理平台实施方案
	编制完成定西市水利信息化综合应用平台建设项目可行性研究报告
青海省水利厅	国家水资源监控能力建设项目青海省集成方案
	国家水资源监控能力建设项目青海省 2014 年实施方案
	青海省水利厅业务应急保护系统实施方案
	青海省水利信息化顶层设计项目任务书
宁夏回族自治区水利厅	国家防汛抗旱指挥系统二期工程宁夏回族自治区初步设计报告
	宁夏灌区信息化信息采集系统 2013—2014 年度实施方案
	宁夏灌区信息化通信网络系统 2013—2014 年度实施方案
新疆维吾尔自治区水利厅	新疆山洪灾害防治 2014 实施方案
	新疆塔里木河流域水资源管理信息化整合项目
	新疆维吾尔自治区水土保持监测规划（2013—2030 年）
	新疆重点区域水土保持遥感监测
地方小计/项	98
全国合计/项	136

（三）2014年度计划新建信息化项目清单

单位名称	新 建 项 目 名 称
水利部机关	全国山洪灾害调查评价与监测预警中心信息化基础设施建设
	中国水科院遥感实验室雷达数据采集与处理设备购置
	水利异地备份中心存储及系统安全设施建设
	建安中心政务内网建设
	水利项目及统计管理系统升级改造
	水利财务管理信息系统
	流域偏远水文站信息传输卫星通信小站建设
长江水利委员会	长江委重要信息系统安全等级保护建设项目
	长江流域水利综合管理信息资源整合与共享项目
黄河水利委员会	黄河上中游水政监察基础设施建设项目（一期）
	黄河下游水政监察基础设施建设项目（一期）
	山东黄河电子政务系统
海河水利委员会	漳卫南局通讯机房基础设施改造项目
	海委防汛抗旱指挥系统二期工程
	海委重要信息系统安全等级保护项目
珠江水利委员会	国家防汛抗旱指挥系统二期工程-珠江委部分
	珠江流域山洪灾害防治
	珠江防汛抗旱防台风会商系统
	珠江委重要信息系统安全等级保护
松辽水利委员会	国家水资源监控能力建设项目
	防汛抗旱指挥系统二期
太湖流域管理局	太湖局重要信息系统安全等级保护
	2014年太湖流域水资源监控能力建设
流域小计/项	16
北京市水务局	北京市防汛指挥中心会商调度系统及硬件设施改造项目
	国家水资源监控能力建设项目2014年资金
	北京市水务局行政许可系统升级改造
	三水联调信息平台前期规划
	全市电子地图采购及水务专题图加工
	北京市水务局统一认证系统升级改造
	北京市水库移民后期扶持管理信息系统建设
	北京水利水电学校数字化校园（一期）
	排水中心信息化基础设施建设项目
天津市水务局	大清河处锅底分洪闸、八堡节制闸、老龙湾节制闸高清视频监控系统建设
	独流减河重点排污口门及重点堤段高清视频监控安装工程
	天津市水利工程建设管理信息系统二期
	防汛调度系统升级改造及点位扩容项目方案
	防汛调度智能决策系统建设项目方案
	防汛指挥中心大屏幕显示及扩声系统改造升级项目方案

续表

单位名称	新 建 项 目 名 称
天津市水务局	天津市区排水泵站抢险检修中心
	天津市污水处理行业管理信息系统
	天津市水务基础数据应用服务系统
	天津市防汛异地会商视频会议系统二期工程
	天津市防汛抗旱三维数字系统二期工程
	国家水资源监控能力建设项目
	尔王庄机房加装精密空调工程
	引滦沿线视频会议系统更新工程
	于桥水库水情测报系统数据接入引滦信息系统
	市防办防汛会商室与国家防总视频会议系统联网
	防汛应急通信指挥车设备改造
	天津市水务局局属事业单位综合办公系统更新
	天津市水务治安分局技防网系统接入与建设
	天津市水库移民后期扶持管理信息系统分中心建设
河北省水利厅	地下水超采试点区数据中心及综合应用平台项目
山西省水利厅	山西省水资源监控项目
	中小河流水文监测系统水文信息中心改建
	全国水库移民后扶管理信息系统建设项目（一期）
	全国水库移民后扶管理信息系统建设项目（二期）
	山洪灾害预警预测市级平台项目
	赵家窑水库水位水质监测工程
	恒山水库水位水质监测工程
	孤峰山水库水位水质监测工程
	山洪预警市级平台及视频会议系统（一期）项目
	山洪预警市级平台及视频会议系统（二期）项目
内蒙古自治区水利厅	国家防汛抗旱指挥系统二期工程内蒙古 2014 年建设项目
	国家水资源监控能力建设内蒙古自治区 2013 年项目
	国家水资源监控能力建设内蒙古自治区 2014 年项目
	内蒙古 2013 年山洪灾害防治项目实施方案
	内蒙古自治区洪水风险图编制 2013 年项目
辽宁省水利厅	辽宁省清河水库除险加固工程自动化设备采购及安装工程
	全国水库移民管理信息系统辽宁省级分中心建设项目
	2012—2013 年辽宁省中小河流监测系统预警预报软件项目
	小（1）型水库水情信息报汛处理系统
	大连市河库管理局水库报汛系统平台建设
	坡耕地水土流失综合治理工程
	水土流失重点治理工程
	国家水土保持重点建设工程
	农业综合开发水土保持项目
	省级水土保持工程

续表

单位名称	新 建 项 目 名 称
辽宁省水利厅	2012—2014年国家水资源监控能力建设项目
	辽宁省2013年度山洪灾害防治项目
	汤河水库大坝安全实时监控与预警系统
	汤河水库水雨情遥测预报与调度系统
	汤河水库水质自动监测站
	视频监控系统整合
吉林省水利厅	吉林省防汛雨量监测自动测报系统
黑龙江省水利厅	水利普查数据成果应用平台
	信息系统平台升级
上海市水务局	上海市水文信息平台
	上海市河道蓝线管理系统
	水务业务受理综合信息系统（运维）——海洋电子档案系统
	智能苏州河管理信息平台
	水务海洋局热线管理业务系统
	市民服务热线水务海洋业务管理平台
	上海市水资源管理系统
江苏省水利厅	江苏省水利厅财务审计管理信息系统
浙江省水利厅	水利电子政务建设（七期）
	国家防汛指挥系统（二期）网络及安全系统建设
	水利业务管理应用系统建设（二期）
安徽省水利厅	省水文局中小河流水文监测系统
	安徽省跨市排涝泵站运行电量数据远程采集系统
	省财政支持省属高等职业院校发展项目
	省淠史杭灌区管理局红石嘴枢纽监视监控系统
	省淠史杭灌区管理局史河汲东干渠信息化工程
	省淠史杭灌区管理局舒庐干渠信息化工程
	省龙河口水库管理处水情遥测信息系统设备更新
	省龙河口水库管理处远程视频监控设备更新
	省龙河口水库管理处局域网设备更新
	省驷马山引江工程乌江船闸船舶调度自动化系统
	省驷马山引江工程襄河口闸水资源视频监控系统维护
	省驷马山引江工程滁河四级站
	省驷马山引江工程乌江抽水站计算机监控系统改造工程
	省长江河道管理局无为大堤视频监控系统
	无为大堤视频监控系采砂管理信息化视频监控系统
	省淮河局正阳关防汛物资仓库视频监控系统
	省淮河局综合档案管理系统（东软SEAS 7.5）
	省水利科学研究院办公自动化系统
	怀洪新河防汛会商系统拼接屏项目
	水情遥测信息系统设备更新

续表

单位名称	新 建 项 目 名 称
安徽省水利厅	省茨淮新河管理处远程视频监控设备更新
	茨淮新河灌区视频监控项目
	省茨淮新河管理处微波站电池更换
	省茨淮新河管理处局域网设备更新
	省茨淮新河管理处网站改版建设
	网站发电机组计算机监控系统
	山洪灾害非工程措施省市平台建设
	国家防汛抗旱指挥系统二期工程
	水资源监控能力建设项目
	洪水风险图空间数据处理
福建省水利厅	福建省水资源管理系统省级平台 UPS 电源机房及布线
	福建省水利厅无线网络建设采购项目
	系统运行环境建设（精密空调采购）
	福建省山洪灾害防治项目非工程措施补充完善——视频会商系统改造
	福建省山洪灾害防治项目非工程措施补充完善——省级监测预警信息管理及共享平台
	福建省山洪灾害防治项目非工程措施补充完善——网络系统完善
	福建省山洪灾害防治项目非工程措施补充完善——监测预警信息管理应用软件
	福建省山洪灾害防治项目非工程措施补充完善——监测预警信息管理软件
	福建省水资源管理系统网络系统集成
	福建省水资源管理系统省级平台软件建设
	福建省水资源管理系统数据库入库服务
	福建省水资源管理系统省市数据贯通平台
	福建省水资源管理系统地表水源站建设项目
	国家防汛抗旱指挥系统二期水情分中心建设（信息建设）
江西省水利厅	江西省鄱阳湖区防汛通信预警系统第三分项工程中心机房补充建设项目
	江西省水利数据中心工程标准化体系建设（一期）
	江西省水利数据中心工程水利空间地理信息共享服务平台（一期）
	江西省水利信息化顶层设计报告编制
	江西省水利数据中心建设信息技术咨询服务
	江西省水利数据中心数据整合及目录体系建设（一期）
	江西省水利数据中心工程数据库建设、数据交换及数据资源管理应用平台（一期）
	江西省水利数据中心工程水利数据模型建设
	国家水资源监控能力建设江西省 2013 年省级水资源信息平台硬件及商业软件采购项目
	国家水资源监控能力建设江西省 2013 年 Oracle 数据库一体机采购项目
	222 条中小河流预警预报软件系统
	江西省 2014 年度山洪灾害防治项目非工程措施补充完善
山东省水利厅	水利行政业务信息系统开发
	山东省水利地理信息系统示范项目
	"金水工程" 2013 年软件系统评测
	山东水利业务内网升级改造项目

续表

单位名称	新 建 项 目 名 称
山东省水利厅	业务外网系统设备
	山东水利监测信息服务平台
	峡山水库区域信息化综合管理示范项目
河南省水利厅	河南省山洪灾害防治项目
	河南省水利电子政务系统建设项目
湖北省水利厅	湖北省水利厅业务系统集成门户
	湖北省湖泊遥感监测系统
	湖北省国家水资源监控能力项目——省级信息平台
	湖北省国家水资源监控能力项目——水资源监控中心
	湖北省农村水利信息管理系统
	湖北省农村中心水库洪水预报软件
	湖北省江河水系管理系统
湖南省水利厅	湖南省省市县山洪灾害监测预警信息互联互通系统建设项目
	湖南省灌区信息化省级平台建设项目
广东省水利厅	广东省中小河流水文监测系统建设2012—2013年实施方案水情报汛Ⅲ标
	广东省中小河流水文监测系统建设2012—2013年实施方案洪水预报预警系统Ⅰ标
	广东省中小河流水文监测系统建设2012—2013年实施方案洪水预报预警系统Ⅱ标、Ⅲ标
	飞来峡防汛生产调度中心网络通信机房、局域网、会商室等项目
	西江局智慧水利应用系统、移动办公等
	韩江流域水资源管理地理信息平台补充采购项目
	广东省取用水实时监控接入与共享管理系统
	广州市水务局2014年信息化建设项目
	广州市三防指挥系统升级改造、智能水网感知系统及三防信息化改造项目
	河源市水资源监管系统
	江门市汛情发布系统项目、指挥高度中心系统
	湛江市高清视频会商系统
	中山市阜沙镇鸦雀尾水利枢纽工程自动化系统、板芙镇寿围水闸自动化系统
	（茂名市）三防会商室手拉手麦克风会议系统、三防信息接收保障系统
	（梅州市）三防信息接收应急保障系统
	珠海市水利工程建设与管理系统、三防指挥系统
	惠州市"智慧水务"综合管理系统（第一期）
	阳江市水务局办公业务综合系统升级改造、三防预警决策支持信息系统
	云浮市"智慧水利"应用系统
广西壮族自治区水利厅	广西中小河流水文监测系统预警预报服务系统项目变更
	国家防汛抗旱指挥系统二期工程
	广西山洪灾害防治项目非工程措施完善
重庆市水利局	国家水资源监控能力建设项目重庆市2013年度省级项目政府采购购销合同
	国家水资源监控能力建设项目重庆市2014年度省级项目政府采购购销合同
	重庆市山洪灾害防治应急指挥平台项目
	重庆市水利电子政务移动办公平台

续表

单位名称	新 建 项 目 名 称
重庆市水利局	重庆市水利安全监管信息平台系统建设一期工程
	重庆市水利建设市场主体信用信息管理平台（二期）项目
	重庆水利 2012 年度已建在线水资源流量监测站巡检工作
	重庆市水利数据中心项目
	重庆市水利业务流程管理信息系统
	重庆市水利信息中心虚拟化安全及机房专用电源室建设项目
	重庆市水利局涉密内网分级保护建设项目
	重庆市水利局信息系统等级保护建设及改造项目
四川省水利厅	四川水利综合办公系统
	四川省"4·20"芦山地震　玉溪河灌区灾后重建工程信息化基础设施
	遂宁市 2014 年度山洪灾害防治项目
	乐山市山洪灾害监测预警平台
	四川省水利厅干部学校网站升级
	眉山市防汛抗旱指挥中心信息化建设项目（含山洪灾害非工程措施补充完善眉山市本级项目）
	雅安市县级非工新增县项目
贵州省水利厅	贵州省山洪灾害防治项目
	国家水资源监控能力建设项目贵州省项目
云南省水利厅	厅机关网络改造及厅机关机房建设
陕西省水利厅	东雷一期抽黄信息化 2014 年建设项目
	东雷一期抽黄泵站信息化 2014 年建设项目
	石头河水库灌区信息化工程 2014 年度
	宝鸡峡灌区信息化建设 2014 年度
	渭河光纤传输网络工程
	渭河下游信息服务工程
甘肃省水利厅	甘肃省抗旱防汛骨干网络改造项目
	甘肃水利信息共享互用平台（二期）建设项目
	国家水资源监控能力年度建设任务
	甘肃省高效节水灌溉项目信息管理系统
	甘肃水利管理网站
青海省水利厅	青海省 2014 年度山洪灾害防治项目
	国家水资源监控能力建设青海省 2014 年项目
宁夏回族自治区水利厅	国家防汛抗旱指挥系统　二期工程宁夏建设项目
新疆维吾尔自治区水利厅	新疆塔里木河流域水量调度远程监控及"三条红线"用水总量控制监控系统项目
	塔里木河流域水资源管理信息化整合项目
	克孜尔水库管理局远程视频会商系统
	克孜尔水库管理局网站系统
	克孜尔水库管理局远距离监控设备
	喀腊塑克管理处到西水东引项目部光缆埋设项目
	新疆额河建管局林水家园至"500"光缆线路工程
	局直属 8 个管理处的有线电视广电信号接入工作

续表

单位名称	新 建 项 目 名 称
新疆维吾尔自治区水利厅	新疆重点区域水土保持遥感监测
	全疆水土保持监测网络和信息系统工程建设
	新疆山洪灾害防治项目（信息化部分）
	国家防汛抗旱指挥系统二期工程（新疆维吾尔自治区建设）
	国家水资源能力建设（新疆维吾尔自治区建设）
地方小计/项	220
全国合计/项	243

（四）2014年度验收的信息化项目清单

单位名称	通过验收的项目名称
水利部机关	水利重大科技成果推广信息系统
长江水利委员会	长江水利委员会政务内网安全保密改造项目
黄河水利委员会	黄委2013水政基础设施建设项目
	数据存储平台和数据交换与共享服务平台建设工程
	黄河防洪调度综合决策会商支持系统建设工程
	黄河调水调沙运用相关项目
	2014年黄河下游引黄涵闸技术改造项目
	2014年黄河调水调沙试验各分指挥部通信及视频传输应急实施方案项目
淮河水利委员会	淮委政务内网互联项目综合办公系统升级改造
海河水利委员会	漳卫南局通讯机房基础设施改造项目
珠江水利委员会	国家水资源监控能力建设项目（2013年）
	水利信息系统运行维护项目（2013年）
	水利基金项目（2013年）
	特大防汛费项目（2013年）
	政务内网保密改造项目
	珠江委防汛通信汇接中心更新改造工程
松辽水利委员会	松辽委水情会商系统改造
太湖流域管理局	2013年国家水资源监控能力建设项目
	太湖流域防汛调度会商系统更新改造
流域小计/项	18
北京市水务局	北京市水务局统一认证系统升级改造
天津市水务局	大清河处低水闸、上改道闸、洪泥河首闸高清视频监控安装工程
	天津市防潮信息系统二期
	防汛调度系统升级改造及点位扩容项目方案
	防汛指挥中心大屏幕显示及扩声系统改造升级项目方案
	防汛调度智能决策系统建设项目方案
	天津市区排水泵站抢险检修中心
	天津市污水处理行业管理信息系统
	天津市水务基础数据应用服务系统
	尔王庄机房加装精密空调工程

续表

单位名称	通过验收的项目名称
天津市水务局	引滦沿线视频会议系统更新工程
	于桥水库水情测报系统数据接入引滦信息系统
	永定河处下属闸站视频监控系统工程
	于桥水库水情测报系统
	市防办防汛会商室与国家防总视频会议系统联网
	防汛应急通信指挥车设备改造
山西省水利厅	全国水库移民后扶管理信息系统建设项目（一期）
	山洪预警市级平台及视频会议系统（一期）项目
辽宁省水利厅	辽阳—蓰窝数据专线
	2012—2013 年辽宁省中小河流水文监测系统二期建设
	大连市河库管理局水库报汛系统平台建设
	柴河水库固定资产管理系统数据库
上海市水务局	水务业务受理综合信息系统（运维）——海洋电子档案系统
	水务海洋局热线管理业务系统
江苏省水利厅	江苏省太湖流域水环境自动监测站网工程
	江苏省水利厅行政权力网上运行系统
浙江省水利厅	水利电子政务系统网络安全建设
	省防汛指挥中心会商环境改造
	浙江省水政执法监督管理能力建设（二期）
	水利普查数据处理
	存储及网络设备采购
安徽省水利厅	安徽省跨市排涝泵站运行电量数据远程采集系统
	省水利水电学院省财政支持省属高等职业院校发展项目
	省龙河口水库工程管理处水情遥测信息系统设备更新
	省龙河口水库工程管理处远程视频监控设备更新
	省龙河口水库工程管理处局域网设备更新
	襄河口闸水资源视频监控系统维护
	乌江抽水站计算机监控系统改造工程
	省淮河局正阳关防汛物资仓库视频监控系统
	省淮河局办公自动化系统
	省淮河局实物资产条形码管理系统
	省茨淮新河水情遥测信息系统设备更新
	省茨淮新河远程视频监控设备更新
	省茨淮新河局域网设备更新
	省茨淮新河微波站电池更换
	省佛子岭水库工程管理处门户网站改版建设
	安徽省跨市排涝泵站运行电量数据远程采集系统
福建省水利厅	福建省水资源管理系统省级平台 UPS 电源机房及布线
	福建省水资源管理系统网络系统集成
	福建省水资源管理系统省级平台软件建设

续表

单位名称	通过验收的项目名称
福建省水利厅	福建省水资源管理系统省级平台系统集成
	福建省水资源管理系统水质水位监测站建设
	福建省水资源管理系统数据库入库服务
	福建省水资源管理系统管道型流量计建设
	精密空调采购
	福建省水利厅无线网络建设采购项目
	国家防汛抗旱指挥系统二期水情分中心建设（信息建设）
江西省水利厅	江西省鄱阳湖区防汛通信预警系统第三分项工程中心机房补充建设项目
	江西省水利数据中心工程标准化体系建设（一期）
	国家水资源监控能力建设江西省 2012 省级水资源信息平台建设项目
	国家水资源监控能力建设江西省 2012 年国家水功能水源地建设项目
	国家水资源监控能力建设江西省 2013 省级水资源信息平台硬件及商业软件采购项目
	国家水资源监控能力建设江西省 2013 年 Oracle 数据库一体机采购项目
山东省水利厅	山东水利业务内网升级改造项目
	业务外网系统设备
	山东省"金水工程"一期——数据中心软件开发及集成
	山东省"金水工程"一期——水利历史非结构化数据分析整理与建库
	山东水利基础地理信息平台
湖北省水利厅	湖北省水利厅业务系统集成门户
	湖北省湖泊遥感监测系统
	湖北省国家水资源监控能力项目——水资源监控中心
湖南省水利厅	防汛抗旱点名系统建设
	防汛应急综合数据库系统建设
广东省水利厅	广东省水利系统政府投资建设项目资金使用监管平台
	广东省取用水实时监控接入与共享管理系统
	广东省中小河流水文监测系统建设 2012—2013 年实施方案水情报汛 I 标
	广东省中小河流水文监测系统建设 2012—2013 年实施方案水情报汛 III 标
	广东省中小河流水文监测系统建设 2012—2013 年实施方案洪水预报预警系统 II 标
	广东省水文局协同办公平台升级改造项目
	广东省东江水资源水量水质监控系统
	飞来峡防汛生产调度中心网络通信机房建设
	飞来峡防汛生产调度中心大楼局域网建设
	飞来峡防汛生产调度中心会商室系统建设
	飞来峡防汛生产调度中心安保系统建设
	飞来峡防汛生产调度会议系统建设
	西江局智慧水利应用系统
	西江局移动办公软件
	广东省西江流域管理局水资源日常监管系统
	北江局计算机网络日常维护
	北江局通信系统维护

续表

单位名称	通过验收的项目名称
广东省水利厅	北江大堤水闸、配电计算机监控系统维护＋北江大堤视频监控系统日常维护
	北江大堤水工安全自动监测系统日常维护
	广州市水务局移动办公系统项目
	广州市水务局大楼视频监控系统升级改造项目
	广州市水务局机关大楼无线网络建设项目
	广州市反腐倡廉信息化建设项目
	广州市水务局行政执法业务系统项目
	2013 年广州市网上办事大厅建设项目
	广州市水务局机关信息系统运行维护项目
	河源市三防指挥会商系统升级改造项目
	江门市汛情发布系统项目
	江门市三防指挥调度中心系统工程
	中山市张家边泵站自动控制系统
	中山市三角镇福隆泵站自动控制系统
	东莞市水务工程建设企业信息备案系统
	三防预警决策支持信息系统
	云浮市"智慧水利"应用系统
重庆市水利局	国家水资源监控能力建设 2012 年项目增项工程
	重庆市水资源监控能力建设项目一期增项工程
	重庆市水利业务流程管理信息系统
	重庆市水利信息中心虚拟化安全及机房专用电源室建设项目
	重庆市水利局涉密内网分级保护建设项目
	重庆市水利局信息系统等级保护建设及改造项目
四川省水利厅	四川省小农水 3S 信息系统
	四川省都江堰灌区续建配套与节水改造工程信息化建设二期项目
	汶川地震都江堰灌区水利信息化灾后重建项目
	攀枝花市水务局门户网站建设
	内江市 2013 年度山洪灾害防御市级平台
	内江市小型水库动态监管预警系统
	德阳市 2012 年山洪灾害防治县级非工程措施
陕西省水利厅	宝鸡峡灌区 2010 年信息化建设项目
	宝鸡峡灌区 2011 年信息化建设项目
	宝鸡峡灌区 2012 年信息化建设项目
	交口灌区 2009 年信息化建设项目
	交口灌区 2010 年信息化建设项目
	交口灌区 2011 年信息化建设项目
甘肃省水利厅	甘肃省抗旱防汛骨干网网络改造项目
	甘肃水利信息共享互用平台（二期）建设项目
	甘肃省高效节水灌溉项目信息管理系统
	甘肃水利管理网站

续表

单位名称	通过验收的项目名称
青海省水利厅	国家水资源监控能力建设青海省2012年项目
	黄河水量调度青海省项目
宁夏回族自治区水利厅	宁夏水利信息化一期工程　水利数据中心工程项目
新疆维吾尔自治区水利厅	克孜尔水库管理局远程视频会商系统
	克孜尔水库管理局网站系统
	克孜尔水库管理局远距离监控设备
	山洪灾害一期区级平台有硬件设备验收
地方小计/项	137
全国合计/项	156

（五）项目投资、人员及运行维护情况

单位名称	新建项目个数/个	信息化项目建设投资/万元			主要从事信息化工作的人数/人	信息系统专职运行维护人数/人	调查年度到位的运行维护资金/万元	
		中央投资	地方投资	其他投资			总经费	专项维护经费
水利部	7	15775.62			152	39	4019.70	4019.70
长江水利委员会	2	3373.50			163	31	1657.70	1657.70
黄河水利委员会	3	710.00		268.76	954	625	4166.72	4166.72
淮河水利委员会					112	11	1164.00	1164.00
海河水利委员会	3	880.00		28.47	162	80	1126.81	1126.81
珠江水利委员会	4	4122.68			175	26	613.30	613.30
松辽水利委员会	2	4697.67			32	12	477.90	477.90
太湖流域管理局	2	1201.00			5	6	391.00	391.00
流域小计	16	14984.85	0	297.23	1603	791	9597.43	9597.43
北京市水务局	9	271.00	4287.66		300	100	2576.00	2576.00
天津市水务局	20	5237.00	4615.50	231.87	88	105	1286.97	1216.10
河北省水利厅	1	3799.00			3	3	50.00	50.00
辽宁省水利厅	16	37202.60	13734.10	1759.00	107	107	518.50	292.86
上海市水务局	7	420.00	949.34		31	83	1316.21	1316.21
江苏省水利厅	1		967.00		14	14	150.00	
浙江省水利厅	3		395.00		114	7	328.00	328.00
福建省水利厅	14	1727.18	8249.01		80	41	405.50	264.30
山东省水利厅	7		1365.38		6	4	33.00	33.00
广东省水利厅	19	2044.77	5820.94	2955.40	15	140	3431.45	2975.43
海南省水务厅								
山西省水利厅	10	3430.10	156.00		65	35	434.70	209.00
吉林省水利厅	1		1100.00		3	6	36.00	16.00
黑龙江省水利厅	2			200.00	37	31	66.20	43.50
安徽省水利厅	30	6827.85	3305.16	192.30	151	85	560.00	280.00
江西省水利厅	12	12115.21	2219.35		11	11	372.38	120.00

续表

单位名称	新建项目个数/个	信息化项目建设投资/万元			主要从事信息化工作的人数/人	信息系统专职运行维护人数/人	调查年度到位的运行维护资金/万元	
		中央投资	地方投资	其他投资			总经费	专项维护经费
河南省水利厅	2	15555.00	5042.00		29	18	385.00	385.00
湖北省水利厅	7	883.00	527.40		24	24	280.00	280.00
湖南省水利厅	2		962.40		12	10	291.00	68.00
内蒙古自治区水利厅	5	17162.00	4766.07		5	2	20.00	
广西壮族自治区水利厅	3	15683.00	3221.00		62	46	580.00	580.00
重庆市水利局	12	2511.00	5671.45		9	20	467.00	467.00
四川省水利厅	7	3146.40	1187.68	202.00	83	89	1152.33	364.60
贵州省水利厅	2	20954.00	2421.79		5	10	300.00	
云南省水利厅	1			180.00	9	4		
西藏自治区水利厅								
陕西省水利厅	6	9150.00			10	23	95.00	
甘肃省水利厅	5	800.00	698.00		73	105	155.00	155.00
青海省水利厅	2	6522.00	300.00		6	10	60.00	60.00
宁夏回族自治区水利厅	1	810.00	400.00		10	8	200.00	200.00
新疆维吾尔自治区水利厅	13	16153.28	1202.49	1809.00	99	42	276.60	151.60
新疆生产建设兵团水利局								
地方小计	220	182404.38	73564.71	7529.57	1461	1183	15826.84	12431.60
全国合计	243	213164.85	73564.71	7826.80	3216	2013	29443.97	26048.73

（六）开展年度水利信息化发展状况评估情况

单位名称	是否开展年度信息化发展程度评估（评价）	是否制定了信息化发展程度评估指标体系及评估管理办法	是否进行本单位年度水利信息化发展程度的定量化评估	是否进行辖区内年度水利信息化发展程度的定量化评估
水利部	是			
长江水利委员会				
黄河水利委员会		是		
淮河水利委员会				
海河水利委员会				
珠江水利委员会				
松辽水利委员会				
太湖流域管理局				
北京市水务局	是	是	是	
天津市水务局				
河北省水利厅				
辽宁省水利厅				
上海市水务局				
江苏省水利厅				

单位名称	是否开展年度信息化发展程度评估（评价）	是否制定了信息化发展程度评估指标体系及评估管理办法	是否进行本单位年度水利信息化发展程度的定量化评估	是否进行辖区内年度水利信息化发展程度的定量化评估
浙江省水利厅				
福建省水利厅	是	是	是	是
山东省水利厅	是	是	是	是
广东省水利厅	是	是	是	是
海南省水务厅				
山西省水利厅	是		是	是
吉林省水利厅				
黑龙江省水利厅				
安徽省水利厅	是		是	
江西省水利厅				
河南省水利厅				
湖北省水利厅	是			
湖南省水利厅				
内蒙古自治区水利厅				
广西壮族自治区水利厅				
重庆市水利局				
四川省水利厅	是			
贵州省水利厅				
云南省水利厅	是	是	是	是
西藏自治区水利厅				
陕西省水利厅	是			
甘肃省水利厅				
青海省水利厅				
宁夏回族自治区水利厅				
新疆维吾尔自治区水利厅				
新疆生产建设兵团水利局				

（七）省级以上水利部门联网计算机和服务器规模

单 位 名 称	内　　网		外　　网	
	服务器/套	联网计算机/台	服务器/套	联网计算机/台
水利部	42	525	303	2000
长江水利委员会	20	183	240	9680
黄河水利委员会	15	200	260	12172
淮河水利委员会	32	212	80	2272
海河水利委员会	22	171	264	3319
珠江水利委员会	14	189	341	3591

续表

单 位 名 称	内　网		外　网	
	服务器/套	联网计算机/台	服务器/套	联网计算机/台
松辽水利委员会	12	363	56	634
太湖流域管理局	18	139	102	355
流域小计	133	1457	1343	32023
北京市水务局	14			
天津市水务局			54	318
河北省水利厅				
辽宁省水利厅	5	48	65	3600
上海市水务局	81	251	86	293
江苏省水利厅	150	2000	1500	3500
浙江省水利厅	11	50	80	650
福建省水利厅	46	310	87	1426
山东省水利厅	100	630	23	400
广东省水利厅	1	4	215	1335
海南省水务厅				
山西省水利厅	82	1622	42	2038
吉林省水利厅			1	30
黑龙江省水利厅	10	140	12	120
安徽省水利厅	2	80	102	2029
江西省水利厅	89	1185		
河南省水利厅		7	47	793
湖北省水利厅	5	300	50	350
湖南省水利厅	56	61	17	221
内蒙古自治区水利厅	10	72	40	394
广西壮族自治区水利厅	2			
重庆市水利局	1	5	124	8416
四川省水利厅	115	914	7	495
贵州省水利厅				
云南省水利厅	21	142	5	200
西藏自治区水利厅		10	17	137
陕西省水利厅	45	423	3	756
甘肃省水利厅			68	73
青海省水利厅	12	8	39	2175
宁夏回族自治区水利厅	5	62	60	1646
新疆维吾尔自治区水利厅			50	578
新疆生产建设兵团水利局				
地方小计	863	8324	2794	31973
全国合计	1038	10306	4440	65996

（八）乡镇视频会议系统接入情况

单位：个

填报单位名称	乡镇数	接入系统的乡镇数	
		下级单位只接收上级单位视频、语音	下级单位与上级单位可进行视频、语音互动
上海市水务局	226	62	164
浙江省水利厅	1368		1368
安徽省水利厅	1158	56	186
福建省水利厅	1031	1031	
河南省水利厅	2123		2123
广东省水利厅	1145		1145
四川省水利厅			43
陕西省水利厅	1768		1057
青海省水利厅	439		
合计		1149	6086

（九）视频会议系统应用情况

单位名称	会议次数/次	参加人数/人	单位名称	会议次数/次	参加人数/人
水利部	142	65000	黑龙江省水利厅	65	1800
长江水利委员会	16	4480	安徽省水利厅	43	19520
黄河水利委员会	8	7200	江西省水利厅	30	3000
淮河水利委员会	20	600	河南省水利厅	29	20000
海河水利委员会	6	240	湖北省水利厅	54	2500
珠江水利委员会	3	40	湖南省水利厅	6	15120
松辽水利委员会			内蒙古自治区水利厅	38	7600
太湖流域管理局	15	2600	广西壮族自治区水利厅		
流域小计	68	15160	重庆市水利局	20	6000
北京市水务局			四川省水利厅	158	6963
天津市水务局	15	260	贵州省水利厅	28	840
河北省水利厅	21	5000	云南省水利厅	24	11915
辽宁省水利厅	53	10600	西藏自治区水利厅		
上海市水务局	23	1215	陕西省水利厅	26	15000
江苏省水利厅	7	1050	甘肃省水利厅	21	1500
浙江省水利厅	70	3670	青海省水利厅	16	480
福建省水利厅	25	12000	宁夏回族自治区水利厅	16	720
山东省水利厅	30	4000	新疆维吾尔自治区水利厅	8	3000
广东省水利厅	35	1750	新疆生产建设兵团水利局		
海南省水务厅			地方小计	938	172613
山西省水利厅	6	9200	全国合计	1148	252773
吉林省水利厅	50	350			

（十）移动及应急网络情况

单位名称	移动终端/台	移动信息采集设备/套	单位名称	移动终端/台	移动信息采集设备/套
水利部	1100		黑龙江省水利厅	30	
长江水利委员会	128		安徽省水利厅	852	161
黄河水利委员会	180	50	江西省水利厅	20	1
淮河水利委员会	31		河南省水利厅	330	4
海河水利委员会	198	6	湖北省水利厅	60	15
珠江水利委员会	500	4	湖南省水利厅	4	4
松辽水利委员会	198	3	内蒙古自治区水利厅		
太湖流域管理局	259	13	广西壮族自治区水利厅	580	460
流域小计	1494	76	重庆市水利局	50	1
北京市水务局	306		四川省水利厅	226	88
天津市水务局	197	52	贵州省水利厅		
河北省水利厅	16	16	云南省水利厅		
辽宁省水利厅	53	57	西藏自治区水利厅	20	20
上海市水务局	226	6	陕西省水利厅	50	2
江苏省水利厅			甘肃省水利厅		58
浙江省水利厅	260		青海省水利厅	14	7
福建省水利厅	66	93	宁夏回族自治区水利厅	25	2
山东省水利厅	30	20	新疆维吾尔自治区水利厅	149	4
广东省水利厅	436	31	新疆生产建设兵团水利局		
海南省水务厅			地方小计	4170	1122
山西省水利厅	155	10	全国合计	6764	1198
吉林省水利厅	15	10			

（十一）存储能力情况

单位：GB

单位名称	内网存储	外网存储	单位名称	内网存储	外网存储
水利部	368640	591872	辽宁省水利厅	17988.7	77207
长江水利委员会	102000	89600	上海市水务局	61884	7625
黄河水利委员会	115400	321657.6	江苏省水利厅	62464	12288
淮河水利委员会	83000	185000	浙江省水利厅	3000	500000
海河水利委员会	105000	25600	福建省水利厅	2048	12288
珠江水利委员会	38000	30000	山东省水利厅	307200	307200
松辽水利委员会	66000	100000	广东省水利厅	64985	93972
太湖流域管理局	50000	38000	海南省水务厅		
流域小计	559400	789857.6	山西省水利厅	30000	10000
北京市水务局	17920		吉林省水利厅		100
天津市水务局		173315.57	黑龙江省水利厅	3000	13146
河北省水利厅	55296	20480	安徽省水利厅		175000

单位名称	内网存储	外网存储	单位名称	内网存储	外网存储
江西省水利厅	15000	17000	西藏自治区水利厅		7000
河南省水利厅		108000	陕西省水利厅	12000	
湖北省水利厅	1000	90000	甘肃省水利厅	6700	12
湖南省水利厅	1024	4096	青海省水利厅	1300	27000
内蒙古自治区水利厅	26368	244822	宁夏回族自治区水利厅	1200	26624
广西壮族自治区水利厅	4	20000	新疆维吾尔自治区水利厅		37888
重庆市水利局	500	292400	新疆生产建设兵团水利局		
四川省水利厅	75148	179700	地方小计	768577.7	2467403.57
贵州省水利厅	500	10240	全国合计	1696617.7	3849133.17
云南省水利厅	2048				

（十二）内网系统运行安全保障情况

单位名称	安全保密防护设备数量/个	采用CA身份认证的应用系统数量/个	进行等级保护改造	通过等级保护测评	实现统一的安全管理	配有本地数据备份系统	配有同城异地数据备份系统	配有远程异地容灾数据备份系统	开展保密检查	开展应急演练
水利部	21	7	是	是	是	是		是	是	是
长江水利委员会	12	6	是	是	是	是			是	
黄河水利委员会	16	5	是	是	是	是	是	是	是	是
淮河水利委员会	28	8	是	是	是	是		是		
海河水利委员会	16	9	是	是	是	是				
珠江水利委员会	95	7	是	是	是	是	是			
松辽水利委员会	290	7	是	是	是	是				
太湖流域管理局	16	9	是	是	是	是				
北京市水务局	8	1	是	是		是	是		是	是
天津市水务局		1			是	是				
河北省水利厅		1				是			是	
辽宁省水利厅	3			是	是	是			是	
上海市水务局	69		是	是	是	是			是	是
江苏省水利厅	1	1	是	是	是	是			是	
浙江省水利厅						是				
福建省水利厅	5	1	是	是	是	是	是	是	是	是
山东省水利厅	1	1	是	是	是	是			是	是
广东省水利厅	1	1	是	是	是	是	是		是	
海南省水务厅										
山西省水利厅	13	1	是	是	是	是		是	是	
吉林省水利厅	1	1				是			是	
黑龙江省水利厅	6					是			是	是

续表

单位名称	安全保密防护设备数量/个	采用CA身份认证的应用系统数量/个	进行等级保护改造	通过等级保护测评	实现统一的安全管理	配有本地数据备份系统	配有同城异地数据备份系统	配有远程异地数据容灾数据备份系统	开展保密检查	开展应急演练
安徽省水利厅	1		是		是	是			是	是
江西省水利厅						是	是		是	
河南省水利厅	2	1				是			是	
湖北省水利厅	1		是			是			是	
湖南省水利厅	2				是	是			是	是
内蒙古自治区水利厅			是						是	
广西壮族自治区水利厅		1								
重庆市水利局	5		是	是	是				是	
四川省水利厅										
贵州省水利厅		1		是		是				是
云南省水利厅	1								是	
西藏自治区水利厅										
陕西省水利厅	2		是			是			是	
甘肃省水利厅	1		是	是	是	是	是			
青海省水利厅	1			是	是	是			是	
宁夏回族自治区水利厅	1					是			是	
新疆维吾尔自治区水利厅	25	1	是		是	是	是	是	是	是
新疆生产建设兵团水利局										

（十三）外网系统运行安全保障情况

单位名称	安全保密防护设备数量/个	采用CA身份认证的应用系统数量/个	进行等级保护改造	通过等级保护测评	实现统一的安全管理	配有本地数据备份系统	配有同城异地数据备份系统	配有远程异地数据容灾数据备份系统	开展保密检查	开展应急演练
水利部	45	5	是	是		是	是	是	是	是
长江水利委员会	19	1		是			是	是	是	是
黄河水利委员会	49	3	是	是	是	是	是		是	
淮河水利委员会	28	1	是	是		是			是	
海河水利委员会	23	2	是	是					是	
珠江水利委员会	20		是	是		是			是	
松辽水利委员会	5	1	是			是			是	
太湖流域管理局	36	1	是	是		是			是	
北京市水务局	8	1	是	是		是			是	是

续表

单位名称	安全保密防护设备数量/个	采用CA身份认证的应用系统数量/个	进行等级保护改造	通过等级保护测评	实现统一的安全管理	配有本地数据备份系统	配有同城异地数据备份系统	配有远程异地容灾数据备份系统	开展保密检查	开展应急演练
天津市水务局	3	1	是	是			是	是	是	是
河北省水利厅	1	1		是			是	是		
辽宁省水利厅	10		是	是			是	是	是	
上海市水务局	64	1	是	是	是	是	是	是	是	是
江苏省水利厅	1			是			是	是		
浙江省水利厅	8		是	是			是	是		
福建省水利厅	7	1	是	是			是	是	是	
山东省水利厅	1		是	是			是	是	是	是
广东省水利厅	1	1	是	是	是	是	是	是	是	是
海南省水务厅										
山西省水利厅	13	1	是	是	是	是	是	是	是	
吉林省水利厅	1	1		是			是			是
黑龙江省水利厅	6		是	是			是	是	是	
安徽省水利厅	1	1	是	是		是	是	是		是
江西省水利厅				是	是		是			
河南省水利厅	10		是	是			是	是	是	是
湖北省水利厅	5			是			是	是		
湖南省水利厅	3		是	是			是			
内蒙古自治区水利厅	8		是	是			是			
广西壮族自治区水利厅	42	2	是	是	是	是	是	是	是	
重庆市水利局	14	5	是	是	是		是	是	是	是
四川省水利厅	1		是	是	是		是	是		
贵州省水利厅							是		是	
云南省水利厅	4						是			是
西藏自治区水利厅	5						是			
陕西省水利厅	2						是	是	是	
甘肃省水利厅	1	1	是	是	是	是	是	是	是	
青海省水利厅	6			是			是			
宁夏回族自治区水利厅	1			是			是			
新疆维吾尔自治区水利厅	4	1	是	是			是	是		
新疆生产建设兵团水利局										

（十四）信息系统等级保护情况

单位：个

单位名称	总数量				已整改的系统数量				已通过测评的系统数量			
	三级信息系统	二级信息系统	一级信息系统	未定级信息系统	三级信息系统	二级信息系统	一级信息系统	未定级信息系统	三级信息系统	二级信息系统	一级信息系统	未定级信息系统
水利部	8	4			6	4			6	4		
长江水利委员会	4	6		28	4	6						
黄河水利委员会	9	18		4								
淮河水利委员会	2	3			2	3						
海河水利委员会	10	22		106	10	4						
珠江水利委员会	4	5			4	5						
松辽水利委员会	3	3	17									
太湖流域管理局	4	4			3	4						
北京市水务局	1	7	16		1	7			1	7		
天津市水务局	1	6			1	1						
河北省水利厅												
山西省水利厅	3	2		12	2	1			2	1		
内蒙古自治区水利厅	1	1		5								
辽宁省水利厅		17				1				1		
吉林省水利厅												
黑龙江省水利厅				1								
上海市水务局	24	20		6	6				24	20		
江苏省水利厅												
浙江省水利厅	2	2			2	2						
安徽省水利厅	1	31			1				1			
福建省水利厅	2	1		1	2	1			2	1		
江西省水利厅	1	2			1	2			1	2		
山东省水利厅		2								2		
河南省水利厅		1	2	4								
湖北省水利厅		7								7		
湖南省水利厅				1				1				1
广东省水利厅	2	13			2	13			2	13		
广西壮族自治区水利厅				3								
海南省水务厅												
重庆市水利局	3				3				3			
四川省水利厅	3	6	1			1			1	5	1	
贵州省水利厅	1				1				1			
云南省水利厅												
西藏自治区水利厅												
陕西省水利厅		4				4						
甘肃省水利厅	5	1	1		2				5			
青海省水利厅		2	2	1		2				2		
宁夏回族自治区水利厅	1	2		6								
新疆维吾尔自治区水利厅		1		5	1				1			
新疆生产建设兵团水利局												

（十五）信息系统等级保护三级系统情况

单位名称	序号	系统名称	备案单位	是否整改	是否测评
水利部机关	1	水利部网站信息系统	北京市公安局	是	是
	2	水利计算机骨干网络系统	公安部	是	是
	3	实时水情交换与查询系统	公安部	是	是
	4	综合数据库信息系统	公安部	是	是
	5	防汛会商大屏幕系统	公安部	是	是
	6	防汛抗旱异地会商视频会议系统	公安部	是	是
	7	国家水资源管理系统	公安部	同步建设	否
	8	水利安全生产监管信息系统	北京市公安局	同步建设	否
长江水利委员会	1	长江委防汛抗旱指挥系统骨干网	湖北省公安厅	是	否
	2	长江委防汛抗旱指挥系统业务管理系统	湖北省公安厅	是	否
	3	长江委防汛抗旱指挥系统水情交换系统	湖北省公安厅	是	否
	4	长江委防汛抗旱指挥系统实时水情数据库	湖北省公安厅	是	否
黄河水利委员会	1	黄河下游工情险情会商系统	河南省公安厅	否	否
	2	黄河防汛计算机骨干网络系统	河南省公安厅	否	否
	3	黄河洪水预报系统	河南省公安厅	否	否
	4	黄河实时水文气象信息查询及会商系统	河南省公安厅	否	否
	5	黄河水环境信息管理系统	河南省公安厅	否	否
	6	黄河水量调度管理系统	河南省公安厅	否	否
	7	黄委实时水雨情数据库系统	河南省公安厅	否	否
	8	黄河数据中心信息系统	河南省公安厅	否	否
	9	黄河预报调度耦合系统	河南省公安厅	否	否
淮河水利委员会	1	淮委防汛抗旱综合业务应用系统	淮河水利委员会水文局（信息中心）	是	
	2	淮委水资源管理综合业务应用系统	淮河水利委员会水文局（信息中心）	是	
海河水利委员会	1	海河流域雨水情信息查询系统	天津市公安局	是	否
	2	海河流域异地会商系统	天津市公安局	是	否
	3	海河流域计算机骨干网络系统	天津市公安局	是	否
	4	漳卫南局综合办公系统	山东省公安厅	是	否
	5	漳卫南流域水雨情信息查询系统	山东省公安厅	是	否
	6	引滦局综合办公系统	唐山市公安局	是	否
	7	潘家口洪水预报调度系统	唐山市公安局	是	否
	8	海河下游局综合办公系统	天津市公安局	是	否
	9	海河下游局水情信息查询系统	邯郸市公安局	是	否
	10	漳河上游局综合办公系统	邯郸市公安局	是	否

续表

单位名称	序号	系统名称	备案单位	是否整改	是否测评
珠江水利委员会	1	珠江防汛抗旱指挥系统	珠江水利委员会	是	是
	2	珠江流域防洪调度系统	珠江水利委员会	是	是
	3	珠江决策支持数据中心应用服务平台	珠江水利委员会	是	是
	4	珠江骨干水库统一调度管理信息系统	珠江水利委员会	是	是
松辽水利委员会	1	松辽委防汛调度系统	松辽委防汛抗旱办公室		
	2	松辽委防汛抗旱指挥系统（骨干网）	松辽委水文局（信息中心）		
	3	松辽委防汛抗旱异地会商视频会议系统	松辽委水文局（信息中心）		
太湖流域管理局	1	数据中心管理系统	上海市公安局	是	否
	2	防汛抗旱业务系统	上海市公安局	是	否
	3	视频会商系统	上海市公安局	是	否
	4	水资源管理业务系统	上海市公安局	否	否
北京市水务局	1	决策信息服务平台	北京测评中心	是	是
天津市水务局	1	国家防汛抗旱指挥系统骨干网（天津）系统	天津市水务局	是	否
河北省水利厅	1	无			
山西省水利厅	1	山西省数字水利系统	山西省数字水利中心	否	否
	2	山西省防汛抗旱指挥系统	山西省人民政府防汛抗旱指挥办公室	是	是
	3	山西省防汛抗旱指挥系统骨干网	山西省人民政府防汛抗旱指挥办公室	是	是
内蒙古自治区水利厅	1	防汛决策支持系统	水利厅		
浙江省水利厅	1	"浙江水利"网站	未备案成功	是	是
	2	浙江水利业务应用系统	未备案成功	是	是
安徽省水利厅	1	安徽省防汛抗旱指挥系统	省公安厅	是	否
福建省水利厅	1	福建省防汛决策指挥支持系统	福建省网络与信息安全测评中心	是	是
	2	福建省水利信息网站信息系统	福建省网络与信息安全测评中心	是	是
江西省水利厅	1	江西省水利骨干网系统（三级系统）	江西省水利厅	是	是
	2	江西省水利厅门户网站系统（二级）	江西省水利厅	是	是
	3	江西省防汛抗旱指挥系统（二级）	江西省水利厅	是	是
广东省水利厅	1	广东省水利厅三防指挥系统	广东省公安厅	是	是
	2	广东省水利数据中心数据库管理系统	广东省公安厅	是	是
重庆市水利局	1	重庆市水利水务网站	重庆市公安局	是	是
	2	重庆市水利电子政务办公系统	重庆市公安局	是	是
	3	重庆市防汛抗旱指挥信息管理系统	重庆市公安局	是	是
四川省水利厅	1	三级系统1	凉山州公安局		
	2	三级系统2	凉山州公安局		
	3	二级系统	四川省水利厅信息中心		是

续表

单位名称	序号	系统名称	备案单位	是否整改	是否测评
贵州省水利厅	1	三级系统1	贵州省人民政府防汛抗旱指挥系统建设项目办公室	是	是
甘肃省水利厅	1	甘肃省抗旱防汛高清视频会议系统	甘肃省水利厅	整改	测评
	2	甘肃省水利厅门户网站	甘肃省水利厅	整改	测评
	3	甘肃水利信息共享互用平台	甘肃省水利厅	未整改	测评
	4	国家水资源甘肃省项目系统	甘肃省水利厅	未整改	测评
	5	甘肃省水利工程建设管理平台及水利建设市场信用信息平台	甘肃省水利厅	未整改	测评
宁夏回族自治区水利厅	1	国家防汛抗旱指挥系统一期工程宁夏子系统	水利厅	否	否

（十六）信 息 采 集 情 况

单位：处

单位名称	雨量		水位		流量		地下水埋深		水土保持		水质		墒情（旱情）		蒸发		其他	
	总采集点	自动采集点	总采集点	自动采集点	总采集点	自动采集点	总采集点	自动采集点	总采集点	自动采集点	总采集点	自动采集点	总采集点	自动采集点	总采集点	自动采集点	总采集点	自动采集点
水利部机关																		
长江水利委员会	288	191	476	173	161	17			2		159	14			1		21	
黄河水利委员会	984	945	390	203	186	31					220	9			41	3	419	
淮河水利委员会																		
海河水利委员会	11	11	50	50	30		1	1			212	10			6		31	1
珠江水利委员会	1	1	23	23	6	6					116	5	14	14			14	14
松辽水利委员会	127	126	26	20	7	1					92	2			4		117	81
太湖流域管理局	56	56	78	75	178	21					259	20					11	11
北京市水务局	1073	607	425	213	159	78	1212	302	47	11	737	62	124	40				
天津市水务局	136	136	183	197	64	58	424	155	5		238	70			7		189	189
河北省水利厅	3049	3049	87	87			421	421	46	46	654	654	178	178				
辽宁省水利厅	3316	3018	846	492	142	40	711	336	20		923	1	91	91	44	2	321	321
上海市水务局	301	301	249	249	10	10	1				347	14			11		164	164
江苏省水利厅	1581	1581	1688	1688	199				500	6	1	2003	39	7		36	3500	3500
浙江省水利厅	2626	2626	1818	1818														
福建省水利厅	3403	3403	1938	1938	326	326			10		328	60			31		35	35
山东省水利厅	2450	2450	907	907	1345	1345	150	150			7	7	210	210	6	6	135	135
广东省水利厅	3989	3723	2249	2111	135	86	295	174	6		611	34	79	79	56	13	701	478

续表

单位名称	雨量		水位		流量		地下水埋深		水土保持		水质		墒情(旱情)		蒸发		其他	
	总采集点	自动采集点	总采集点	自动采集点	总采集点	自动采集点	总采集点	自动采集点	总采集点	自动采集点	总采集点	自动采集点	总采集点	自动采集点	总采集点	自动采集点	总采集点	自动采集点
海南省水务厅																		
山西省水利厅	2118	2118	149	105	96		1536	1536	36		136	1	71		17		3000	3000
吉林省水利厅	1150	1150											100	88				
黑龙江省水利厅	846	730	217	146	443	21	1290				752	1	16	16	79		16	16
安徽省水利厅	1604	1604	538	321	171	5	195	154	23	0	402	1	215	129	49	1	443	443
江西省水利厅	3739	3739	714	714	107	1	20	20	8	8	414	414	68	68	52	1		
河南省水利厅	4028	4028	614	614	455		1274	150	29		222		210	88	51			
湖北省水利厅	3683	3683	1008	1008	349	10	33	33	88	3	375		62	36	46	5		
湖南省水利厅	1901	1901	491	491	111	111							27	27			1051	1051
内蒙古自治区水利厅	3561	3561	245	245	314	314	363	363							110			
广西壮族自治区水利厅	3460	3460	401	401	135	20							135	135	135	2		
重庆市水利局	4698	4698	848	848	83	71			26		182		72	69	11	1		
四川省水利厅	6616	4403	2875	2458	1626	1455	58	26	13	0	468	6	38	27	94	27	98	95
贵州省水利厅			21	21	90	90					136	3						
云南省水利厅	2664	2664	13	12									53	53	121	0		
西藏自治区水利厅	1791	183	334	103			21				77		6	6	28		119	119
陕西省水利厅	3627	3627	897	897	138	138							47	47				
甘肃省水利厅	460	94	1890	425	604	350	242	59			282				55		115	17
青海省水利厅	1597	1582	239	207	206	152	31	13	21	12	123	1	10	10	37		31	
宁夏回族自治区水利厅	1041	876	420	376	54		230	142	10		137		31	6	15		71	
新疆维吾尔自治区水利厅	1564	1164	1457	1071	204	14	363	153	64	66	225	10	72	74	76	78	80	82
新疆生产建设兵团水利局																		

（十七）信息化的监控系统数及信息化的监控点数

单位：个

单位名称	监控系统数	监控点总数	独立（移动）点数
水利部机关			
长江水利委员会	4	53	
黄河水利委员会	61	527	10
淮河水利委员会	1	11	
海河水利委员会	13	277	

单位名称	监控系统数	监控点总数	独立（移动）点数
珠江水利委员会			
松辽水利委员会	5	110	
太湖流域管理局	12	156	
北京市水务局	18	1648	
天津市水务局	23	603	12
河北省水利厅	1	54	
辽宁省水利厅	23	671	1
上海市水务局		43	43
江苏省水利厅			
浙江省水利厅	3	54	0
福建省水利厅	2	128	93
山东省水利厅	4	3975	
广东省水利厅	124	1414	97
海南省水务厅			
山西省水利厅	3	4884	
吉林省水利厅	1	44	
黑龙江省水利厅	9	192	
安徽省水利厅	50	816	177
江西省水利厅	27	106	
河南省水利厅	49	76	63
湖北省水利厅	5	20	2
湖南省水利厅	1	11	
内蒙古自治区水利厅			
广西壮族自治区水利厅	4	1902	224
重庆市水利局	4	848	
四川省水利厅	1424	2394	72
贵州省水利厅	1	3	
云南省水利厅	18	92	
西藏自治区水利厅	3	24	
陕西省水利厅	1	107	1
甘肃省水利厅	8	7741	
青海省水利厅	28	1196	
宁夏回族自治区水利厅	2	136	
新疆维吾尔自治区水利厅	13	1495	30
新疆生产建设兵团水利局			

（十八）数据中心支撑的业务应用类型覆盖情况

单位名称	是否已建立数据中心	是否支持防汛抗旱指挥与管理系统	是否支持水资源监测与管理系统	是否支持水土保持监测与管理系统	是否支持农村水利综合管理系统	是否支持水利水电工程移民安置与管理系统	是否支持水利电子政务系统	是否支持水利工程建设与管理系统	是否支持水政监察管理系统	是否支持农村水电业务管理系统	是否支持水利文业务管理系统	是否支持水利应急管理系统	是否支持水利遥感数据管理与应用系统	是否支持水利普查数据管理与应用系统	是否支持山洪监测数据管理与应用系统
水利部机关	是	是	是	是	是	是	是			是	是	是	是	是	是
长江水利委员会															
黄河水利委员会	是	是	是	是			是	是	是		是		是	是	
淮河水利委员会															
海河水利委员会		是	是	是			是		是		是			是	
珠江水利委员会	是	是	是	是	是	是	是	是	是	是	是	是	是	是	是
松辽水利委员会															
太湖流域管理局	是	是	是	是			是				是			是	
北京市水务局		是	是		是		是	是				是		是	
天津市水务局															
河北省水利厅	是	是	是				是				是				
辽宁省水利厅		是	是	是	是	是	是	是		是	是			是	是
上海市水务局	是	是			是		是				是	是			
江苏省水利厅	是	是	是	是		是				是		是	是		
浙江省水利厅															
福建省水利厅	是	是	是	是			是	是	是		是	是	是	是	是
山东省水利厅	是	是	是	是	是	是	是	是	是	是	是		是	是	
广东省水利厅	是	是	是	是	是	是	是	是	是	是	是		是	是	
海南省水务厅															
山西省水利厅	是	是	是	是			是				是				是
吉林省水利厅															
黑龙江省水利厅	是	是									是				是
安徽省水利厅	是	是	是	是	是	是	是	是	是	是	是	是	是	是	是
江西省水利厅	是	是	是	是	是		是	是	是		是		是		是
河南省水利厅															
湖北省水利厅															
湖南省水利厅		是			是		是				是				是
内蒙古自治区水利厅	是	是	是												是
广西壮族自治区水利厅	是										是				
重庆市水利局	是	是	是	是		是	是							是	是
四川省水利厅	是	是	是	是	是	是	是	是		是	是	是	是	是	是
贵州省水利厅															

单位名称	是否已建立数据中心	是否支持防汛抗旱指挥与管理系统	是否支持水资源监测与管理系统	是否支持水土保持监测与管理系统	是否支持农村水利综合管理系统	是否支持水利水电工程移民安置与管理系统	是否支持水利电子政务系统	是否支持水利工程建设与管理系统	是否支持水政监察管理系统	是否支持农村水电业务管理系统	是否支持水利业务管理系统	是否支持水利应急管理系统	是否支持水利遥感数据管理与应用系统	是否支持水利普查数据管理与应用系统	是否支持山洪监测数据管理与应用系统
云南省水利厅															
西藏自治区水利厅															
陕西省水利厅															
甘肃省水利厅															
青海省水利厅															
宁夏回族自治区水利厅	是	是	是	是							是		是	是	是
新疆维吾尔自治区水利厅															
新疆生产建设兵团水利局															

（十九）数据库建设情况

单位名称	数据库数量/个	数据库存储总数据量/GB	非结构化数据存储总数据量/GB
水利部机关	29	56932.00	39345.00
长江水利委员会	66	22218.00	21877.00
黄河水利委员会	123	117953.90	95988.80
淮河水利委员会	19	5091.00	9579.00
海河水利委员会	83	2195.00	1400.00
珠江水利委员会	8	2000.00	1200.00
松辽水利委员会	16	2000.00	
太湖流域管理局	22	34.00	90.00
流域小计	337	151491.90	130134.80
北京市水务局	10	89.40	1500.00
天津市水务局	16	4681.00	600.00
河北省水利厅	4	120.00	1700.00
辽宁省水利厅	71	3447.90	7510.00
上海市水务局	12	704.50	3309.00
江苏省水利厅	10	1000.00	10000.00
浙江省水利厅	35	7000.00	550.00
福建省水利厅	8	503.00	230.00

单位名称	数据库数量 /个	数据库存储总数据量 /GB	非结构化数据存储总数据量 /GB
山东省水利厅	9	80000.00	70000.00
广东省水利厅	91	49891.82	12235.00
海南省水务厅			
山西省水利厅	10	20000.00	
吉林省水利厅	9	106.00	
黑龙江省水利厅	4	603.00	
安徽省水利厅	44	100570.00	32952.00
江西省水利厅	16	178.00	1200.00
河南省水利厅	38	420.00	2600.00
湖北省水利厅	10	3000.00	
湖南省水利厅	3	2048.00	100.00
内蒙古自治区水利厅	3	5.00	
广西壮族自治区水利厅	42	12000.00	20.00
重庆市水利局	11	288.00	160.00
四川省水利厅	46	70524.20	26339.51
贵州省水利厅	14	1200.00	600.00
云南省水利厅	3	960.00	
西藏自治区水利厅	3	1536.00	
陕西省水利厅	29	81.00	
甘肃省水利厅	9	124.00	
青海省水利厅	8	121.00	3.50
宁夏回族自治区水利厅	7	142.51	102.50
新疆维吾尔自治区水利厅	49	28773.00	2997.00
新疆生产建设兵团水利局			
地方小计	624	390127.50	174708.67
全国合计	990	598551.40	344188.47

（二十）数据中心信息服务方式

单位名称	是否实现业务系统联机访问	是否提供目录服务	是否提供非授权联机查询	是否提供非授权联机下载	是否提供授权联机查询	是否提供授权联机下载	是否提供主题（专题）服务	是否提供数据挖掘和综合分析服务	是否提供离线服务	是否提供移动应用服务
水利部机关	是	是			是	是	是			是
长江水利委员会										
黄河水利委员会	是	是	是		是	是			是	是
淮河水利委员会										

续表

单位名称	是否实现业务系统联机访问	是否提供目录服务	是否提供非授权联机查询	是否提供非授权联机下载	是否提供授权联机查询	是否提供授权联机下载	是否提供主题（专题）服务	是否提供数据挖掘和综合分析服务	是否提供离线服务	是否提供移动应用服务
海河水利委员会										
珠江水利委员会	是	是	是	是	是	是	是	是	是	
松辽水利委员会										
太湖流域管理局	是	是			是		是			是
北京市水务局			是		是	是	是	是		
天津市水务局										
河北省水利厅	是	是			是		是			是
辽宁省水利厅	是		是		是	是				
上海市水务局	是	是			是	是	是			是
江苏省水利厅										
浙江省水利厅										
福建省水利厅	是	是	是		是	是	是	是	是	是
山东省水利厅	是	是			是	是	是	是		是
广东省水利厅	是	是	是		是	是	是	是		是
海南省水务厅										
山西省水利厅	是				是	是	是	是	是	
吉林省水利厅										
黑龙江省水利厅	是									
安徽省水利厅	是		是	是	是	是	是			是
江西省水利厅										
河南省水利厅				是						
湖北省水利厅										
湖南省水利厅										
内蒙古自治区水利厅	是				是	是				
广西壮族自治区水利厅	是		是		是					是
重庆市水利局										
四川省水利厅	是	是	是		是	是	是	是	是	是
贵州省水利厅										
云南省水利厅										
西藏自治区水利厅										
陕西省水利厅										
甘肃省水利厅										
青海省水利厅										
宁夏回族自治区水利厅	是	是			是	是	是			
新疆维吾尔自治区水利厅										
新疆生产建设兵团水利局										

（二十一）门 户 服 务 情 况

单位名称	是否已建立统一的门户服务支撑系统	是否已建立统一的对外服务门户网站	是否已建立统一的对内服务门户网站	是否实现基于门户服务的信息安全管理集成	是否实现基于门户服务的数据中心管理与服务集成	是否实现基于门户服务的业务系统应用集成	是否实现基于门户服务的政务系统应用集成	是否实现基于门户服务的移动业务应用集成	是否实现基于门户服务的应急管理业务应用集成	是否实现基于门户服务的运行环境管理平台集成
水利部机关	是	是	是	是		是	是		是	是
长江水利委员会	是	是	是			是	是			
黄河水利委员会		是	是							
淮河水利委员会	是	是	是			是	是			
海河水利委员会	是	是	是			是	是			是
珠江水利委员会	是	是	是	是	是	是	是			是
松辽水利委员会	是	是	是	是		是	是			是
太湖流域管理局		是	是					是		
北京市水务局	是	是	是	是	是	是			是	是
天津市水务局		是	是	是			是			
河北省水利厅		是	是			是				
辽宁省水利厅	是	是								
上海市水务局	是	是	是	是		是	是	是	是	是
江苏省水利厅	是	是	是			是	是			
浙江省水利厅	是	是	是	是		是	是	是		是
福建省水利厅	是	是	是	是	是	是	是	是	是	是
山东省水利厅	是	是	是	是	是	是	是		是	是
广东省水利厅	是	是		是		是	是	是	是	
海南省水务厅										
山西省水利厅	是	是	是	是	是	是	是	是	是	是
吉林省水利厅		是	是							
黑龙江省水利厅		是								
安徽省水利厅	是	是	是		是	是	是	是		
江西省水利厅	是	是	是		是	是	是			是
河南省水利厅	是									
湖北省水利厅		是	是			是	是			是
湖南省水利厅	是	是	是	是			是			是
内蒙古自治区水利厅		是	是							
广西壮族自治区水利厅	是		是		是					是
重庆市水利局										
四川省水利厅	是	是								
贵州省水利厅										
云南省水利厅	是	是		是						
西藏自治区水利厅	是	是								
陕西省水利厅	是	是								
甘肃省水利厅	是	是					是			是
青海省水利厅			是	是						
宁夏回族自治区水利厅		是								
新疆维吾尔自治区水利厅		是		是		是	是			
新疆生产建设兵团水利局										

（二十三）省级以上水利部门信息服务网站情况

序号	单位名称	单位总数/个	有网站的单位数/个	水行政主管部门门户网站域名	ICP备案号	2014年度门户网站或主网站访问次数/万人次
（一）	水利部机关	44	43	www.mwr.gov.cn	京ICP备14010557号	2874
（二）	流域机构					
1	长江水利委员会	19	18	www.cjw.gov.cn	鄂ICP备05011509号	85.45
2	黄河水利委员会	1	1	www.yellowriver.gov.cn	豫ICP备14028857号	36
3	淮河水利委员会	10	8	www.hrc.gov.cn	皖ICP备05001041号	27.1862
4	海河水利委员会	16	6	www.hwcc.gov.cn	津ICP备05007381号	54
5	珠江水利委员会	10	7	pearlwater.gov.cn	粤ICP备11053349号	27.6452
6	松辽水利委员会	10	4	www.slwr.gov.cn	吉ICP备05002634号	17.0455
7	太湖流域管理局	8	5	www.tba.gov.cn	沪ICP备05055548号	20.2195
（三）	省（自治区、直辖市）水利（务）厅（局）					
1	北京市水务局	44	22	www.bjwater.gov.cn	京ICP备05031884号	540.8386
2	天津市水务局	29	3	www.tjsw.gov.cn	津ICP备10002004号	10
3	河北省水利厅	26	24	www.hebwater.gov.cn	冀ICP备13020679号	10
4	山西省水利厅	186	46	www.swater.gov.cn	晋ICP备05004666号	100
5	内蒙古自治区水利厅	132	126	www.nmgslw.gov.cn	蒙ICP备5005891号	20
6	辽宁省水利厅	47	29	www.lnwater.gov.cn	辽ICP备10008193号	68.6983
7	吉林省水利厅	31	7	slt.jl.gov.cn	吉ICP备05001602号-1	0.16
8	黑龙江省水利厅	64	3	www.hljsl.gov.cn	黑ICP备12001971号	0.4035
9	上海市水务局	12	10	shanghaiwater.gov.cn	沪ICP备05024668号	13
10	江苏省水利厅	113	113	www.jswater.gov.cn		166
11	浙江省水利厅	118	92	www.zjwater.gov.cn; www.zjwater.com; www.zjwater.com.cn; www.zjfx.gov.cn	浙ICP备05001351号	6000

续表

序号	单位名称	单位总数/个	有网站的单位数/个	水行政主管部门门户网站域名	ICP 备案号	2014 年度门户网站或主网站访问次数/万人次
12	安徽省水利厅	145	72	www.ahsl.gov.cn	皖 ICP 备 05011837 号	119.5613
13	福建省水利厅	125	41	www.fjwater.gov.cn	闽 ICP 备 11002373 号	150.3767
14	江西省水利厅	122	113	www.jxsl.gov.cn	赣 ICP 备 12001609 号	73.5664
15	山东省水利厅	200	180	www.sdwr.gov.cn	鲁 ICP 备 05043157 号	8
16	河南省水利厅	230	63	www.hnsl.gov.cn; www.hnshuili.gov.cn; www.hnshuili.com	豫 ICP 备 11012831 号	234.8129
17	湖北省水利厅	34	34	www.hubeiwater.gov.cn	鄂 ICP 备 05012882 号	127.7556
18	湖南省水利厅	191	37	www.hnwr.gov.cn	湘 ICP 备 06001013 号	80
19	广东省水利厅			www.gdwater.gov.cn	粤 ICP 备 05140350 号	60
20	广西壮族自治区水利厅	119	16	www.gxwater.gov.cn; www.gxslt.gov.cn	桂 ICP 备 05007858 号	47.6153
21	海南省水务厅					
22	重庆市水利局	52	44	www.cqwater.gov.cn	渝 ICP 备 05005604 号	93.8781
23	四川省水利厅	110	67	www.scwater.gov.cn	川 ICP 备 010080 号	25.0103
24	贵州省水利厅	115	40	www.gzmwr.gov.cn	黔 ICP 备 05001357 号	25
25	云南省水利厅	8	8	www.wcb.yn.gov.cn	云 ICP 备 05000002 号	824.7365
26	西藏自治区水利厅	11	4	www.xzwater.gov.cn	藏 ICP 备 10200024 号	3
27	陕西省水利厅	28	28	www.sxmwr.gov.cn	陕 ICP 备 14004168 号	81.6
28	甘肃省水利厅	44	24	www.gssl.gov.cn	陇 ICP 备 11000121 号	56.826
29	青海省水利厅	61	8	www.qhsl.gov.cn	青 ICP 备 05001566 号	2341
30	宁夏回族自治区水利厅	39	13	nxsl.gov.cn	宁 ICP 备 05001944 号	30
31	新疆维吾尔自治区水利厅	136	12	www.xjslt.gov.cn	新 ICP 备 14001359 号-1	6
32	新疆生产建设兵团水利局					

（二十三）水行政主管部门门户网站运维管理情况

单位名称	是否自行运营维护	专职运维人数/人	是否自行管理服务器	网站年信息更新量/条	网站年新增专题量/个	是否设有信息发布审核制度	是否开设了调查征集类栏目	是否开设了政务咨询类栏目	是否公开有效信件和留言
水利部机关	是	8	是	25000	23	是	是	是	
长江水利委员会	是	1	是	4800	4	是	是	是	是
黄河水利委员会	是		是	11100	7	是	是	是	
淮河水利委员会	是	17	是	2360	5	是			
海河水利委员会		5	是	2000	4	是			是
珠江水利委员会	是	4	是	3218	4	是	是	是	是
松辽水利委员会	是	3	是	900				是	
太湖流域管理局			是	2756	8			是	
北京市水务局		2	是	1048	2	是	是	是	是
天津市水务局	是	1	是	2510	4	是	是	是	是
河北省水利厅	是	2	是				是		是
山西省水利厅	是	3	是	4500	7	是		是	是
内蒙古自治区水利厅		2	是	1500	2	是			
辽宁省水利厅	是	9	是	3319	1	是	是	是	是
吉林省水利厅		1		900	3	是	是	是	是
黑龙江省水利厅		3		4000		是			
上海市水务局		3	是	20000	8	是	是	是	是
江苏省水利厅									
浙江省水利厅	是	3	是	7362	6	是		是	是
安徽省水利厅	是	2	是	3000	4	是	是	是	是
福建省水利厅	是	13	是	2482	6	是	是	是	是
江西省水利厅	是	3	是	4526	10	是	是	是	是
山东省水利厅	是	2	是	3000	10	是	是	是	是
河南省水利厅	是	3	是	7187	2	是	是	是	是
湖北省水利厅	是	8	是	8200	12	是	是	是	是
湖南省水利厅	是	3	是	2500	10	是	是	是	是
广东省水利厅	是	2	是	6930	13	是	是	是	是
广西壮族自治区水利厅	是	4	是			是			
海南省水务厅									
重庆市水利局			是	1756		是		是	是
四川省水利厅		2		1700	6	是	是	是	是
贵州省水利厅	是	3	是	3500	2	是	是	是	是
云南省水利厅			是			是		是	
西藏自治区水利厅			是	150		是			
陕西省水利厅	是	5		9000	4	是			
甘肃省水利厅		3		1990	2	是		是	是
青海省水利厅	是	3	是	1027	1	是	是	是	是
宁夏回族自治区水利厅	是	1	是	2500	3	是			
新疆维吾尔自治区水利厅	是	3	是	6000	5	是	是	是	是
新疆生产建设兵团水利局									

（二十四）水行政主管部门行政许可网上办理情况

单位：项

单位名称	行政许可项数	网站公开及介绍的行政许可项数	能够在网上办理的行政许可项数
水利部机关	10	9	9
长江水利委员会	9	9	9
黄河水利委员会	16	16	
淮河水利委员会	16	16	16
海河水利委员会	18	7	7
珠江水利委员会	14	8	8
松辽水利委员会	8	8	7
太湖流域管理局	8	8	8
流域小计	89	72	55
北京市水务局	35	35	35
天津市水务局	22	22	22
河北省水利厅	15	15	15
辽宁省水利厅	20	20	20
上海市水务局	57	21	36
江苏省水利厅			
浙江省水利厅	13	13	
福建省水利厅	3	3	3
山东省水利厅	12	12	10
广东省水利厅	7	7	7
海南省水务厅			
山西省水利厅	29	29	
吉林省水利厅	10	10	
黑龙江省水利厅	11	11	11
安徽省水利厅	17	17	17
江西省水利厅	19	19	19
河南省水利厅	12	12	
湖北省水利厅	8	8	8
湖南省水利厅	12	12	12
内蒙古自治区水利厅	29	29	
广西壮族自治区水利厅	32	32	
重庆市水利局	18	18	17
四川省水利厅	1	1	
贵州省水利厅	79	79	79
云南省水利厅	20	20	7
西藏自治区水利厅	5		
陕西省水利厅		13	13
甘肃省水利厅	16	13	
青海省水利厅	10	10	
宁夏回族自治区水利厅	30	30	
新疆维吾尔自治区水利厅	32	32	
新疆生产建设兵团水利局			
地方小计	600	556	344
全国合计	699	637	408

（二十五）办公系统使用情况

单位名称	本单位内部是否实现了公文流转无纸化	本单位与上级领导机关之间是否实现了公文流转无纸化	上级水利行业领导机关的单位总数/个	与本单位之间实现了公文流转无纸化的上级水利行业领导机关单位数/个	与本单位间实现了公文流转无纸化的直属单位数/个	下级水行政主管部门单位总数/个	与本单位之间实现了公文流转无纸化的下级水行政主管部门单位数/个
水利部机关	是					38	
长江水利委员会	是	是	1	1		19	
黄河水利委员会	是		1		17		
淮河水利委员会	是		1		9	4	
海河水利委员会	是	是	1	1	4	4	4
珠江水利委员会	是	是	1	1	1	8	
松辽水利委员会	是	是	1	1	1	3	3
太湖流域管理局	是	是	1	1	4	5	
流域小计	7	5	7	5	36	43	7
北京市水务局	是		2		30	14	
天津市水务局	是	是	2	1	29	10	10
河北省水利厅			2	2			
辽宁省水利厅			2			16	
上海市水务局	是				11		
江苏省水利厅	是	是	2	2	22	13	13
浙江省水利厅	是		2	0	0	11	
福建省水利厅	是	是	3	2	17	10	10
山东省水利厅	是	是	4	1	10	17	17
广东省水利厅	是	是	1	1	8	22	22
海南省水务厅							
山西省水利厅			3			11	
吉林省水利厅		是	1				
黑龙江省水利厅							
安徽省水利厅	是	是	4	1		16	
江西省水利厅	是		2			11	
河南省水利厅		是	5	1		28	
湖北省水利厅	是						
湖南省水利厅	是	是	1	1	16	14	14
内蒙古自治区水利厅	是		4		14	14	
广西壮族自治区水利厅	是	是	2		10	14	
重庆市水利局	是	是	2	2	11	41	39

续表

单位名称	本单位内部是否实现了公文流转无纸化	本单位与上级领导机关之间是否实现了公文流转无纸化	上级水利行业领导机关的单位总数/个	与本单位之间实现了公文流转无纸化的上级水利行业领导机关单位数/个	与本单位间实现了公文流转无纸化的直属单位数/个	下级水行政主管部门单位总数/个	与本单位之间实现了公文流转无纸化的下级水行政主管部门单位数/个
四川省水利厅	是	是	2				
贵州省水利厅			3			18	
云南省水利厅	是		3			146	
西藏自治区水利厅							
陕西省水利厅			2			11	
甘肃省水利厅			3	1			
青海省水利厅		是	3	1		8	
宁夏回族自治区水利厅	是	是	2	1	39	27	26
新疆维吾尔自治区水利厅	是	是	2	1	34	14	14
新疆生产建设兵团水利局							
地方小计	19	15	64	18	251	486	165
全国合计	27	20	71	23	287	567	172

（二十六）业务应用系统应用情况

单位名称	是否应用防汛抗旱指挥与管理系统	是否应用水资源监测与管理系统	是否应用水土保持监测与管理系统	是否应用农村水利综合管理系统	是否应用水电工程移民安置与管理系统	是否应用水利电子政务系统	是否应用水利工程建设与管理系统	是否应用水政监察管理系统	是否应用农村水电业务管理系统	是否应用水文业务管理系统	是否应用水利应急管理系统	是否应用水利遥感数据管理与应用系统	是否应用水利普查数据管理与应用系统	是否应用山洪监测数据管理与应用系统
水利部机关	是	是	是	是	是	是	是	是	是	是	是	是	是	是
长江水利委员会	是	是	是			是					是		是	
黄河水利委员会	是	是	是			是	是	是				是	是	
淮河水利委员会	是		是			是	是				是		是	是
海河水利委员会	是	是	是			是	是				是			是
珠江水利委员会	是	是	是			是					是		是	是
松辽水利委员会	是	是	是			是					是			
太湖流域管理局	是	是				是	是	是				是	是	是
北京市水务局	是	是	是	是	是	是						是		
天津市水务局	是					是	是				是			
河北省水利厅	是	是				是					是		是	是
辽宁省水利厅	是	是	是	是		是	是		是		是	是	是	是

续表

单位名称	是否应用防汛抗旱指挥与管理系统	是否应用水资源监测与管理系统	是否应用水土保持监测与管理系统	是否应用农村水利综合管理系统	是否应用水利水电工程移民安置与管理系统	是否应用水利电子政务系统	是否应用水利工程建设与管理系统	是否应用水政监察管理系统	是否应用农村水电业务管理系统	是否应用水文业务管理系统	是否应用水利应急管理系统	是否应用水利遥感数据管理与应用系统	是否应用水利普查数据管理与应用系统	是否应用山洪监测数据管理与应用系统
上海市水务局	是	是				是							是	
江苏省水利厅	是	是	是			是				是		是	是	
浙江省水利厅	是	是	是	是		是	是	是	是	是		是	是	是
福建省水利厅	是	是	是	是		是	是	是	是	是	是	是	是	是
山东省水利厅	是	是		是	是	是	是	是	是			是		
广东省水利厅	是	是	是	是		是	是	是	是		是	是	是	是
海南省水务厅														
山西省水利厅	是	是	是	是	是		是		是	是	是		是	
吉林省水利厅	是	是		是										
黑龙江省水利厅	是									是				是
安徽省水利厅	是	是	是	是	是	是		是	是			是	是	
江西省水利厅	是	是	是	是		是	是	是	是			是		
河南省水利厅	是	是	是	是	是	是	是			是			是	是
湖北省水利厅	是	是	是	是	是	是	是	是				是	是	
湖南省水利厅	是					是		是						是
内蒙古自治区水利厅	是	是	是	是		是				是	是		是	是
广西壮族自治区水利厅	是	是	是	是		是	是	是		是			是	是
重庆市水利局	是	是	是		是	是	是			是			是	是
四川省水利厅	是	是	是	是		是	是	是	是	是	是		是	是
贵州省水利厅	是	是	是	是		是		是	是	是				是
云南省水利厅	是		是			是	是	是		是				是
西藏自治区水利厅	是		是							是			是	是
陕西省水利厅	是	是				是				是		是	是	
甘肃省水利厅	是		是			是			是	是			是	
青海省水利厅	是	是	是							是			是	
宁夏回族自治区水利厅	是		是	是	是	是	是			是		是	是	是
新疆维吾尔自治区水利厅	是	是				是				是			是	是
新疆生产建设兵团水利局														

（二十七）水利通信系统情况

单位名称	卫星通信系统			程控交换系统		应急通信车/辆			微波通信		无线宽带接入	集群通信	其他通信手段		
	水利卫星小站/个	其他卫星设施/套	便携卫星小站/套	系统容量/门	实际用户/个	总数	动中通	静中通	线路长度/km	站数/个	终端/个	终端/个	名称	站数/个	线路长度/km
水利部	1		0	8000	5259										
长江水利委员会	33	162	2	8000	4000	5	1	4	330	38		4	光纤	6	49.61
黄河水利委员会	65	4	6	66639	34762	1		1	2112	118	91	30		24	220
淮河水利委员会	56	1	1	4000	2000	1		1	996.9	58	1380				
海河水利委员会	12	1	1	5000	3000				1645	58					
珠江水利委员会	24	2	1	1760	1020						1				
松辽水利委员会	9	4	3	1000	490										
太湖流域管理局	3		2	300	224										
流域小计	202	174	16	86699	45496	7	1	6	5083.9	272	1472	34		30	269.61
北京市水务局	47			1000	305	1		1	100	5		688			
天津市水务局	1	1		416	389	1		1	317.41	16		63	400 兆超短波同播网	2	
河北省水利厅		20	12					1							
辽宁省水利厅		269	2	2023	1478	2	1	1	436.5	27	3	1	SDH 光纤	10	550
上海市水务局	1	1													
江苏省水利厅				1000	600	2	1	1							
浙江省水利厅															
福建省水利厅		127	1						200	2		205	超短波	3403	70000
山东省水利厅	2	2	4	1G	100	2	2				15				
广东省水利厅		48	3	200	114	2	2		120	2	8	220	无线对讲、无线同播、卫星电话、三防、视频会商、超短波	80	100
海南省水务局															
山西省水利厅		25		548	33				13	6	31				
吉林省水利厅	1	193											超短波	680	

续表

单位名称	卫星通信系统			程控交换系统		应急通信车/辆			微波通信		无线宽带接入	集群通信	其他通信手段		
	水利卫星小站/个	其他卫星设施/套	便携卫星小站/套	系统容量/门	实际用户/个	总数	动中通	静中通	线路长度/km	站数/个	终端/个	终端/个	名称	站数/个	线路长度/km
黑龙江省水利厅	6	46		513	200										
安徽省水利厅	4			10000	6000		1		83.3	11					
江西省水利厅	62			2000	720								超短波通信	3	
河南省水利厅				1024	400	1		1	600	19					
湖北省水利厅			5	2000	1000	5		5	2000	24	300				
湖南省水利厅				2000	1500					17		10			
内蒙古自治区水利厅	2					1		1							
广西壮族自治区水利厅	24												光纤	3	60
重庆市水利局						1		1					超短波	3	40
四川省水利厅	12	1		150	110	3		3			44				
贵州省水利厅															
云南省水利厅															
西藏自治区水利厅	10	618		1	756										
陕西省水利厅															
甘肃省水利厅				3000	1500				50	4		1	SDH-155M光传输设备 短波电台 光纤通信	56 96 0	192
青海省水利厅			4			1	1								
宁夏回族自治区水利厅	3			2600	1156				86	26	24		租用电信电路 租用电信移动电路 无线GPRS	28 233 1738	
新疆维吾尔自治区水利厅	48	10		2402	3300						24				
新疆生产建设兵团水利局									0	0			SDH	16	440
地方小计	223	1361	31	30877	19661	21	4	17	4006.21	157	449	1188		6351	71382
全国合计	426	1535	47	132576	70416	28	5	23	9090.11	429	1921	1222		6381	71651.61

附录5 2014年计划单列市水利信息化发展状况

	统 计 项 目		大连市水务局	青岛市水利局	深圳市水务局	宁波市水利局	厦门市水利局
水利信息化保障环境统计表	前期工作数量/项			2		1	
	标准规范数量/项						
	管理规章制度数量/项						
	运行维护能力	信息系统专职运行维护人数/人	28	4	4	3	3
		到位的运行维护资金/万元	总经费	137.05	150	284.8	150	95
			专项维护经费	123.45	150	100	25
	项目及投资情况	新建项目及投资	新建项目数量/项				4	
			计划投资/万元	中央投资				
				地方投资				396.45	1874
				其他投资				
		信息化项目验收	通过验收的项目数量/项					2
	机构和人才队伍建设	信息化领导机构名称	信息化工作领导小组	青岛市水利信息化建设领导小组	局法规科技处	宁波市水利局信息化工作领导小组	厦门市水利信息化工作领导小组
		领导机构工作部门名称	科技外事处	信息中心		办公室	水利局办公室
		技术支持及运行维护部门名称	通信管理中心	信息中心	深圳水务局法规和科技处	培训中心	洪水预警报中心
		人员情况/人	职工总人数	4289	4	14	5	7
			本科以上学历人数	1258	4	7	3	7
			主要从事信息化工作的人数	45	4	10	3	2
		2014年度接受信息化专题培训的人/人次	80	3	4	150	5
	信息化发展状况评估工作开展	开展年度信息化发展程度评估（价）			是		
		制定了信息化发展程度评估指标体系及评估管理办法					
		进行本单位年度水利信息化发展程度的定量化评估					
		进行辖区内年度水利信息化发展程度的定量化评估					

统 计 项 目					大连市水务局	青岛市水利局	深圳市水务局	宁波市水利局	厦门市水利局
水利信息化保障环境统计表	信息化发展状况评估工作开展	内网	单位本级连接情况/个	以广域网联入内网	连接带宽<10MB线路数				
					10MB<连接带宽<100MB线路数	1		1	
					连接带宽>100MB线路数				
				以局域网联入内网的直属单位数		1			
			直属单位连接情况/个	以广域网联入内网	连接带宽<10MB线路数			5	
					10MB<连接带宽<100MB线路数				
					连接带宽>100MB线路数				
				以局域网联入内网的直属单位数					
			县（市）连接情况/个	以广域网联入内网	连接带宽<10MB线路数			12	
					10MB<连接带宽<100MB线路数				
					连接带宽>100MB线路数				
				以局域网联入内网的直属单位数					
			内网服务器套数/套					2	
			内网联网计算机台数/台			1		10	
		外网	直属单位连接情况/个	以广域网联入外网	连接带宽<10MB线路数				
					10MB<连接带宽<100MB线路数		1		
					连接带宽>100MB线路数				
				以局域网联入外网的直属单位数				1	
			县（市）连接情况/个	以广域网联入外网	连接带宽<10MB线路数				
					10MB<连接带宽<100MB线路数				
					连接带宽>100MB线路数				
			以局域网联入外网的直属单位数						
			外网服务器套数/套			8		5	
			外网联网计算机台数/台			185		130	

续表

统计项目			大连市水务局	青岛市水利局	深圳市水务局	宁波市水利局	厦门市水利局
视频系统建设	已联入系统的直属单位数/个	高清					
		标清			1		
		共享			1		
	接入系统的县市数/个	高清				12	
		标清					
		共享					
	本级组织召开的视频会议情况	会议次数/次	15	25	4	20	8
		参加人数/人	750	1500	60	2500	700
	高清视频会议系统节点总数/个		2			17	
移动及应急网络	移动终端/台		20	111	14	150	
	移动信息采集设备套数/套					100	3
存储能力调查表/GB	内网存储		20334	200	2150.4		3072
	外网存储		1207.5	2000	99942.4	40000	
系统运行安全保障设施	内网	安全保密防护设备数量	1	1	1	1	
		采用CA身份认证的应用系统数量		1			
		是否进行分级保护改造	是		是		
		是否通过分级保护测评	是		是		
		是否实现统一的安全管理	是	是	是		
		是否配有本地数据备份系统	是	是	是		
		是否配有同城异地数据备份系统					
		是否配有远程异地容灾数据备份系统					
		是否开展保密检查		是		是	
		是否开展应急演练			是		
	外网	安全防护设备数量	1	2	5	10	3
		采用CA身份认证的应用系统数量					
		是否实现统一的安全管理	是	是	是		
		是否配有本地数据备份系统	是	是	是	是	
		是否配有同城异地数据备份系统				是	
		是否配有远程异地容灾数据备份系统					
		是否开展了安全检查	是	是	是	是	是
		是否制定了应急预案	是	是	是	是	
		是否组织过应急演练		是	是		
		是否组织开展了信息安全风险评估工作			是	是	
	等级保护情况	三级信息系统 总数量/个					1
		已整改的系统数量/个					
		已通过测评的系统数量/个					
		二级信息系统 总数量/个	1	3	10	3	1
		已整改的系统数量/个				3	
		已通过测评的系统数量/个			10	3	
		未定级信息系统 总数量/个		1			
		已整改的系统数量/个					
		已通过测评的系统数量/个					

水利信息化保障环境统计表

统计项目				大连市水务局	青岛市水利局	深圳市水务局	宁波市水利局	厦门市水利局
信息采集与工程监控	信息采集点/处	雨量	总采集点		181	49	446	100
			自动采集点	130	181	45	446	100
		水位	总采集点		20	29	550	118
			自动采集点	13	20	29	550	118
		流量	总采集点			42	14	
			自动采集点			42	14	
		地下水埋深	总采集点		302	38		
			自动采集点		302	8		
		水保	总采集点			1	2	
			自动采集点					
		水质	总采集点		107	4	90	
			自动采集点	4660	6	4	4	
		墒情（旱情）	总采集点		16			
			自动采集点	36	8			
		蒸发	总采集点			3	14	
			自动采集点			3	1	
		其他	总采集点					
			自动采集点					
			采集点名称					
	信息化监控系统数及信息化监控点数/个		监控系统数		1	8	20	45
			监控点总数		32	440	193	80
			独立（移动）点数				16	2
资源共享服务体系统计表	数据中心支撑的业务应用类型覆盖		是否已建立数据中心		是	是	是	
			防汛抗旱指挥与管理系统	是	是	是	是	是
			水资源监测与管理系统	是	是		是	是
			水土保持监测与管理系统					
			农村水利综合管理系统		是		是	
			水利水电工程移民安置与管理系统			是		
			水利电子政务系统	是	是		是	是
			水利工程建设与管理系统	是	是	是	是	
			水政监察管理系统		是		是	
			农村水电业务管理系统			是	是	
			水文业务管理系统	是			是	
			水利应急管理系统	是	是			
			水利遥感数据管理与应用系统	是	是		是	
			水利普查数据管理与应用系统		是		是	
			山洪监测数据管理与应用系统	是	是		是	
	数据库建设		数据库数量/个	21	10	38	10	4
			数据库存储总数据量/GB	1265	100	21	2500	70
			非结构化数据存储总数据量/GB	200				10
	数据中心信息服务方式		是否实现业务系统联机访问		是	是	是	
			是否提供目录服务			是	是	
			是否提供非授权联机查询		是		是	
			是否提供非授权联机下载					
			是否提供授权联机查询		是			

		统 计 项 目	大连市水务局	青岛市水利局	深圳市水务局	宁波市水利局	厦门市水利局
资源共享服务体系统计表	数据中心信息服务方式	是否提供授权联机下载					
		是否提供主题（专题）服务					
		是否提供数据挖掘和综合分析服务				是	
		是否提供离线服务					
		是否提供移动应用服务		是	是	是	
	门户服务应用	已建立统一的门户服务支撑系统		是	是	是	是
		已建立统一的对外服务门户网站		是	是	是	是
		已建立统一的对内服务门户网站		是	是	是	是
		实现基于门户服务的信息安全管理集成		是	是		
		实现基于门户服务的数据中心管理与服务集成		是		是	
		实现基于门户服务的业务系统应用集成		是	是	是	是
		实现基于门户服务的政务系统应用集成		是	是		是
		实现基于门户服务的移动业务应用集成		是		是	
		实现基于门户服务的应急管理业务应用集成		是			
		实现基于门户服务的运行环境管理平台集成		是	是	是	
综合业务应用体系统计表	水利网站	单位总数/个	26	1	1	22	6
		有网站的单位数/个	6	1	1	14	1
		2014 年度门户网站或主网站访问人次/万人次	0.5	10	0.684	60	18
	门户网站运维管理情况	是否自行运营维护	否	是	是	是	是
		专职运维人数/人			1	2	3
		服务器管理方式	托管	自行管理	自行管理	空间租用	自行管理
		网站安全等级保护定级情况	二级信息系统	二级信息系统	二级信息系统	二级信息系统	
		是否经过网站安全等级保护测评	是	否	是	是	
		网站建站时间	2007 年 6 月	2002 年 6 月	2002 年 5 月	2005 年 12 月	2006 年 2 月
		网站年信息更新量/条	2000	1250	1582	900	
		网站年新增专题量/个	2	2	1	3	
		是否设有信息发布审核制度	是	是	是	是	是
		是否开通微信、微博			微博	微信	微博
		是否有手机移动应用服务	否	否	是	是	是
		是否开设了调查征集类栏目	是	否	是	是	是
		是否开设了政务咨询类栏目	是	否	是	是	是
		是否公开有效信件和留言	是		是	是	是
	水行政主管部门行政许可网上办理	行政许可数量/项	32	6	21	20	14
		网站公开及介绍的行政许可数量/项	32	6	21	20	14
		能够在网上办理的行政许可数量/项	1	6	21	20	10

	统 计 项 目		大连市水务局	青岛市水利局	深圳市水务局	宁波市水利局	厦门市水利局
综合业务应用体系统计表	办公系统使用情况	本单位内部是否实现了公文流转无纸化	是	是	是	是	是
		单位与上级领导机关之间是否实现了公文流转无纸化	是	是	是	是	是
		上级水利行业领导机关的单位总数/个		2	1	3	3
		与本单位之间实现的上级水利行业领导机关单位数/个		2	1	1	
		与本单位间实现了的直属单位数/个	12	6	13	11	5
		下级水行政主管部门单位总数/个		8	8	11	6
		与本单位之间实现的下级水行政主管部门单位数/个		8		11	
	业务应用系统建设	防汛抗旱指挥与管理系统	是	是	是	是	是
		水资源监测与管理系统	是	是	是	是	是
		水土保持监测与管理系统			是		
		农村水利综合管理系统		是		是	
		水利水电工程移民安置与管理系统					
		水利电子政务系统	是	是	是	是	是
		水利工程建设与管理系统	是	是	是	是	
		水政监察管理系统		是	是	是	
		农村水电业务管理系统				是	
		水文业务管理系统				是	
		水利应急管理系统	是	是			
		水利遥感数据管理与应用系统		是		是	
		水利普查数据管理与应用系统		是		是	
		山洪监测数据管理与应用系统	是	是		是